中国地质大学(武汉)本科教学工程项目资助
中国地质大学(武汉)实验技术研究项目资助
中国地质大学(武汉)实验教学系列教材

地球物理测井实验指导书

DIQIU WULI CEJING SHIYAN ZHIDAOSHU

祁明松　赵培强　编

中国地质大学出版社

图书在版编目(CIP)数据

地球物理测井实验指导书/祁明松,赵培强编.—武汉:中国地质大学出版社,2017.10
中国地质大学(武汉)实验教学系列教材

ISBN 978-7-5625-3959-9

Ⅰ.①地⋯
Ⅱ.①祁⋯ ②赵⋯
Ⅲ.①油气测井-高等学校-教材
Ⅳ.①P631.8

中国版本图书馆 CIP 数据核字(2017)第 252781 号

地球物理测井实验指导书			祁明松 赵培强 编
责任编辑:王 敏			责任校对:徐蕾蕾
出版发行:中国地质大学出版社(武汉市洪山区鲁磨路388号)			邮政编码:430074
电 话:(027)67883511	传 真:67883580		E-mail:cbb@cug.edu.cn
经 销:全国新华书店			http://cugp.cug.edu.cn
开本:787毫米×1092毫米 1/16		字数:135千字	印张:5.25
版次:2017年10月第1版		印次:2017年10月第1次印刷	
印刷:武汉教文印刷厂		印数:1—1000册	
ISBN 978-7-5625-3959-9			定价:20.00元

如有印装质量问题请与印刷厂联系调换

中国地质大学(武汉)实验教学系列教材

编委会名单

主　　任：唐辉明

副主任：徐四平　　殷坤龙

编委会成员：(以姓氏笔画排序)

　　　　公衍生　　祁士华　　毕克成　　李鹏飞

　　　　李振华　　刘仁义　　吴　立　　吴　柯

　　　　杨　喆　　张　志　　罗勋鹤　　罗忠文

　　　　金　星　　姚光庆　　饶建华　　章军锋

　　　　梁　志　　董元兴　　程永进　　蓝　翔

选题策划：

　　　　毕克成　　蓝　翔　　张晓红　　赵颖弘　　王凤林

前　言

地球物理测井是应用地球物理专业的主干课程之一。这是一门20世纪20年代发展起来的新兴学科,是地球物理学科的重要分支。而地球物理测井实验是学习和掌握地球物理测井方法的重要抓手。中国地质大学(武汉)地球物理与空间信息学院(简称地空学院)2007年购入重庆地质仪器厂生产的JGS-1B智能工程测井系统,2009年利用国家修购专项资金在测井实验室门前完成200m深钻井3口,使中国地质大学(武汉)地球物理与空间信息学院的学生结束了不能在真正意义上的钻孔中进行测井实验的情况。

测井实验包括测井仪器认识、测井数据采集和测井资料解释实验等。对于测井仪器认识和测井数据采集实验,地空学院虽然开设了测井实验课,一直以来却没有适合学生的实验教材,给学生做完实验后提交实验报告带来了不便,也不利于学生对实验课内容的巩固,这也是编写本测井实验教材的目的。

本实验教材在编写、修改过程中受到了潘和平、马火林的许多指导和帮助,本书的出版还得到中国地质大学(武汉)本科教学工程项目和实验技术研究项目的支持,在此一并表示感谢。本教材原理部分主要引用了潘和平、马火林编写的《地球物理测井与井中物探》以及李舟波编写的《钻井地球物理勘探》,操作部分主要参照重庆地质仪器厂的仪器使用说明书。

本实验指导书包括8个实验,涵盖了电测井,磁测井,声波测井,放射性测井以及井温、井径测井,地面伽马能谱测量等方法,为同学们对各种测井方法的了解和测井资料的取得提供了帮助。

鉴于水平问题,编写中难免出现疏漏,欢迎老师和同学们提出批评意见。

编　者
2016年12月

目 录

实验一　测井仪认识实验 …………………………………………………………（1）

实验二　自然电位测井实验 ………………………………………………………（10）

实验三　电阻率测井实验 …………………………………………………………（16）

实验四　磁化率测井及三分量磁测井实验 ………………………………………（29）

实验五　声波测井实验 ……………………………………………………………（38）

实验六　自然伽马测井实验 ………………………………………………………（43）

实验七　井温、井径测井实验 ……………………………………………………（48）

实验八　地面伽马能谱测量 ………………………………………………………（56）

主要参考文献 ………………………………………………………………………（66）

附录:测井软件 Ver3.0 使用方法 …………………………………………………（67）

实验一 测井仪认识实验

一、实验目的

(1) 了解井场的布置、测井的实施过程。
(2) 了解测井系统的构成及其各个部件的作用。
(3) 了解中国地质大学(武汉)地空学院实验井的基本参数。
(4) 清楚 JGS-1B 智能工程测井系统各个部件的作用。
(5) 熟悉 JGS-1B 智能工程测井系统主机的各个旋钮开关。
(6) 了解美国 Mount 公司 Matrix 测井系统的组成部件及其作用。

二、实验内容

(一)井场的布置及测井的实施过程

地球物理测井是地球物理勘探的一个主要分支,它以不同岩石的物性差异为基础,如电性差异、电化学差异、核物理差异和声差异等,通过相应的地球物理方法,连续地沿钻孔测量反映岩石某种物理参数随井的变化规律,从而研究油气田、煤田和水文工程等方面的钻井地质剖面。

1. 井场布置

如图 1-1 所示,我们开展测井工作通常需要如下测井装备:井下仪(探管)、测井电缆、井口滑轮、测井绞车、测井主机。

井下仪:用于测量不同的地球物理参数,测量的参数不同,井下仪往往不同。
测井电缆:连接井下仪器与地面仪器的媒介,起到传输信号与承受井下仪拉力的作用。
井口滑轮:便于将井下仪顺利导入井下。
测井绞车:起到收藏和存放测井电缆的作用,通过测井绞车滑环将井下仪采集的各种信号传给测井主机,将测井主机的各种控制信号传给井下仪。
测井主机:配合笔记本电脑完成对各种测量数据的收集、管理,绘出测井曲线等。

2. 测井的实施过程

如图 1-1 所示,将测井系统的各个部件进行连接,打开测井主机设置好各种参数,引导测井绞车慢慢下放测井电缆(当井下仪在井底时,则是提升测井电缆)。控制好下放的速度,测井主机开始测量,可以通过实时绘出的测井曲线了解井下的情况。

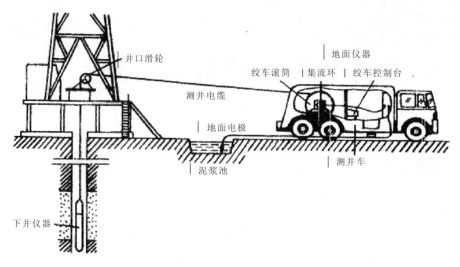

图 1-1 井场布置图

(二)测井仪及其主要配件

下面介绍一些煤田、金属矿和水文工程等方面常用的测井装备。

1. JGS 综合数字测井车

如图 1-2 所示,由于所有测井装备都放在专用测井车上,可以方便到达井场,提高工作效率。

图 1-2 JGS 综合数字测井车

2. JGS-3 系列综合数字测井系统

JGS-3 测井仪(图 1-3)的主要性能如下。
(1)内置工控机,大屏幕液晶显示。
(2)可向上测井,也可向下测井。
(3)接收数字信号、模拟信号。
(4)到达测井终止深度,绞车自动停止。

(5) 按深度间隔自动采样。
(6) 室内模拟测井,观察仪器及探管的重复性。
(7) 深度控制系统和数据采集系统一体化。
(8) 供电电压的频率、电压数码实时显示。
(9) 井下探管的工作电压、工作电流实时显示。
(10) 薄膜面板,美观耐用。

图 1-3　JGS-3 主机及其工作界面

3. JCX-3 型三分量井中磁力仪

JCX-3 型三分量井中磁力仪如图 1-4 所示,该仪器主要用于井中磁法勘探,适用于井径大于 $\phi 46mm$ 的钻孔中进行磁场水平分量 X、Y 和垂直分量 Z 的测量,亦可作为无磁性孔或远离磁性井的高精度井斜仪使用。它可以解决下列问题:

(1) 验证地面磁异常,判断异常性质。
(2) 配合地面磁测进行三度解释。
(3) 高精度地测量井斜方位和倾角。
(4) 指导布钻,指导钻井。
(5) 确定盲矿的深度和方向。
(6) 确定见矿矿体的部位、延伸、范围和厚度。
(7) 确定矿体的产状。
(8) 寻找磁性矿物伴生的矿床。

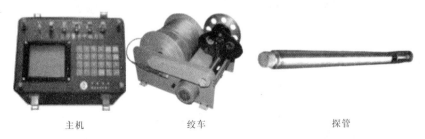

　　　主机　　　　　　绞车　　　　　　　探管

图 1-4　JCX-3 型三分量井中磁力仪主机、绞车及探管

4. 测井绞车

1000～3000m变频自动绞车

300m自动排线绞车

500m简易手动绞车

图1-5　测井绞车

5. 测井探管

如图1-6所示,测井设备有各种各样的探管,不同的探管测量不同的物理参数,各种探管的性能将放到各个实验中去介绍。

图1-6　测井探管

(三)中国地质大学(武汉)地空学院实验井及JGS-1B智能工程测井系统简介

中国地质大学(武汉)地空学院2007年购入重庆地质仪器厂生产的JGS-1B智能工程测井系统,2009年利用国家修购专项资金在测井实验室门前完成钻井3口,其中1♯井深200m,PVC套管深度82m;2♯井深200m,PVC套管深度52m;3♯井深200m,PVC套管深度29m。为测井的教学和研究打下了良好的基础。图1-7为实验井结构示意图。

实验一 测井仪认识实验

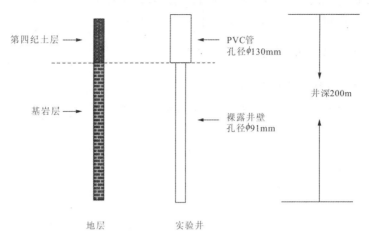

图 1-7 实验井示意图

1#、2#、3#实验井地层结构为：0~10m 深度左右为第四纪土层，10m 深度左右至 200m 深度为泥岩，在部分深度上夹有方解石细脉。岩性相对单一。

JGS-1B 智能工程测井系统的主要配置如表 1-1 所示。

表 1-1 JGS-1B 智能工程测井系统的主要配置

名称	型号
主机	JGS-1B
流量探管	LLY-1
磁化率探管	H411
测斜探管	JSC-1
三分量磁力仪探管	JCX-3
井温流体电阻率探管	W422
电极系	JD-1、JD-2
密封软电极系	JD-3
三侧向探管	X411
双密度组合探管	M432
井径探管	J411
声波探管	S523
自动绞车	JCH-1000
手摇绞车	JCS-300
笔记本电脑	戴尔 D820
打印机	LQ-1600K
发电机	EC6500CX2

利用主机和相应的探管,可以进行电阻率测井、自然电位测井、磁测井、声波测井、放射性测井以及各种井参数测井等方面的教学与研究。

(四)JGS-1B 智能工程测井系统面板介绍

主机上视图面板介绍如下(图 1-8)。

(1)数码窗:主机上视图上部的两个数码窗分别指示测井速度(m/min)和测井时探管所在的深度(m)。

(2)电压/电流表:可以指示供电电压以及供电电流的大小,由下部的电压/电流按钮来选择是显示电流还是电压。

(3)数字 1~8 显示供电电流的大小,由其下部的供电选择按钮来控制,8 个数字分别对应的电流大小是:

  1 2 3 4 5 6 7 8
  2mA 5mA 10mA 20mA 50mA 100mA 200mA 500mA

在做视电阻率测井的时候,根据需要选择供电电流的大小。如果电流太小,则异常显示不好;如果电流太大,会出现"平顶"的现象。

(4)复位按钮:开始测井前计算机向主机发送各种设置参数,并对主机进行初始化。

(5)清零/测量按钮:做井径测井时用于改变开腿、收腿等测量状态。

(6)工作状态指示灯:有 A、B、C、D 4 个指示灯,在进行各种方法测井时分别有不同的指示灯常亮、不亮或闪烁。

(7)保护启动按钮及指示灯:在仪器工作时如果出现故障,仪器将会自动启动保护,避免仪器受到更大损害。当故障排除时,按保护启动按钮来取消保护,使仪器进入正常工作状态。

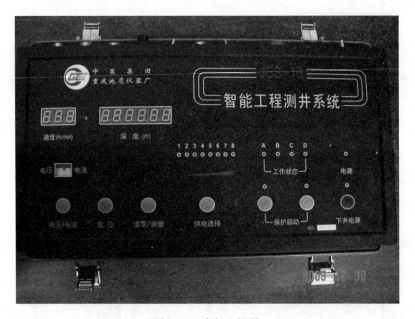

图 1-8 主机上视图

(8)电源指示灯:仪器连接好后,打开仪器背面的电源开关,电源指示灯亮。

(9)下井电源及指示灯:开始测井前,要按动下井电源按钮以打开下井电源,使井下仪处于工作状态(注:自然电位测井时不需要打开下井电源进行供电),这时下井电源指示灯亮。

主机后侧接口及开关(图1-9)介绍如下。

(1)电源开关:用于打开主机工作电源。

(2)~220V:接交流220V电源,为四芯接口。

(3)自校-测量开关:测量时,开关打到测量一边;自校时,与测井绞车断开,自己提供模拟电缆下放信息。

(4)串口:连接到计算机RS232串口,为三芯接口。

(5)接线柱:接地线连于此处。

(6)电缆:连接到绞车,用于向井下仪发送和接收信息,为七芯接口。

(7)光电信号2:接绞车控制器,用电动绞车时需要连接。

(8)光电信号1:接到300m手摇绞车深度编码器接口,为五芯接口。

图1-9 主机后视图

(五)了解美国Mount公司Matrix测井系统的组成部件及其作用

地空学院2012年从美国Mount公司引进的测井系统,如图1-10、图1-11和图1-12所示。整个系统由测井主机、笔记本电脑、测井绞车(配有1000m测井电缆)、井口滑轮、6个测井探管组成。6个测井探管分别是:三测向井下仪QL40DLL3、井径井下仪Q40CAL-1000、自然电阻率及激发极化井下仪Q40RES-1000-IP、自然伽马井下仪Q40GAM-1000、井温流体电阻率井下仪Q40FTC-1000-B、侧斜井下仪40DEV-1000。可以进行自然电位测井、视电阻率测井、激发极化测井、三侧向测井、自然伽马测井,针对各种钻井参数的测井方法有:井温、流体电阻率、井径、井斜。仪器相对轻便,可以多个井下仪组合在一起同时下井,测井效率高,最大测井深度可达1000m,是目前国内外最先进的测井仪之一,主要用于实验教学和科学研究。

图 1-10　测井系统主机、绞车、测井电缆、笔记本电脑

图 1-11　井口滑轮、测井电缆、井下仪

图 1-12　Mount 公司测井探管

三、实验报告要求

(1)每位同学交一份实验报告。
(2)列举几套你听过或见过的测井设备。
(3)说明 JGS-1B 智能工程测井系统的主要用途。
(4)说明 JGS-1B 智能工程测井系统各配件的作用。
(5)说明 JGS-1B 智能工程测井系统主机各按钮开关的作用。

实验二　自然电位测井实验

一、实验目的

(1)了解自然电位测井的基本原理。
(2)了解自然电位测井的主要用途。
(3)选自然电位测井(电阻率测井)的探管进行测井,了解测井的整个过程。
(4)了解自然电位测井曲线的解释过程。

二、实验内容

(一)自然电位测井基本概念

1. 自然电位的产生

在井内及井的四周,发生着一系列自然的物理化学作用(扩散作用、吸附作用、氧化还原作用等)过程,并在岩层与岩层、岩层与井液接触的界面上形成电动势。电动势引起流过岩层和井液的自然电流,自然电流形成沿井深上各点不同的自然电位。

2. 自然电位测井

如图 2-1 所示,自然电位测井的装置较简单,无需供电,一个测量电极 N 置于井口,另一个测量电极 M 在井下沿井深移动。测量 M、N 之间的电位差,记录点位置在 M 电极中点,自然电位(SP)的定义为自然电流在井中产生的电位降,自然电位测井曲线的变化与岩性有密切关系,能够明显地显示出渗透层。通常也用它来确定泥质含量、地层水电阻率,以及分析沉积环境等。

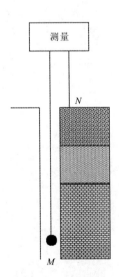

图 2-1　自然电位测井原理

(二)自然电位测井用途

1. 划分渗透性岩层

砂岩层的渗透性好坏与岩石中泥质的含量有直接关系,而自然电位测井曲线也受岩石中泥质含量的影响。一般渗透性好的地层,在地层水矿化度大于泥浆矿化度的情况下,自然电位为较大的负异常(注:以泥岩的自然电位为基准及基线,大于该基线为正异常,小于该基线为负异常);渗透性差的地层,自然电位呈现较小的负异常。因此,根据自然电位曲线可以判断岩层的渗透性。

2. 计算砂岩的自然电位异常幅值

砂岩的自然电位异常幅值与它的泥质含量之间有着较密切的关系。在一般情况下,砂岩的自然电位异常幅值随它的泥质含量的增大而减小。可以近似地把砂岩的自然电位异常幅值 SP 与它的泥质的体积分数 V_{sh} 之间的关系看作是线性关系。具体计算方法请参看相关教科书。

3. 确定地层水电阻率

地层水电阻率是电测井资料解释中的一个重要参数。对于厚度较大、泥质含量低、溶盐成分主要是 NaCl 溶液的饱和含水岩层,利用自然电位曲线可以较好地求出它的地层水电阻率,具体计算请参阅相关教科书。

4. 划分油水分界面

由于油层的电阻率大于水层,一般油层 SP 幅度小于水层。

(三) 自然电位测井实验

1. JGS-1B 智能工程测井系统进行自然电位测井的配套电极系

探管(图 2-2)名称:JD-1、JD-2。

图 2-2 视电阻率测井探管

探管主要用途:确定岩层厚度、地层水电阻率,估算泥质含量,划分渗透岩层等。
探管尺寸及参数如下:
JD1:ϕ 40×1330mm(A0.9M0.1N)。
JD2:ϕ 40×2332mm(A1.6M0.4N)。
承受压力:≤15MPa。
可测参数:自然电位、电位电阻率、梯度电阻率。

2. 自然电位测井实验步骤

1) 系统连接
(1) 主机电源开关置于关的位置。
(2) 将电源线四芯接口一端接到主机背面有"～220V"标记的接口处,另一端为插头,接到交流 220V 电源。

(3)自校测量开关置于测量一边。

(4)将主机的串口线三芯接口一端连接到主机背面有串口标志的接口上,另一端连接到计算机的 RS232 串口。

(5)将接地线一端连接到主机背面有接线柱标志的接线柱上,另一端连接到1#井(地空学院实验井)旁预埋的接地线处。

(6)将主机自带的七芯电缆的一端连接到主机背面有电缆标志的接口上,另一端连接到手动绞车(实验使用300m手动绞车)的电缆端。

(7)将主机自带的五芯电缆的一端连接到主机背面有"光电信号1"标志的接口上,另一端连接到手动绞车的深度编码器接口。

(8)将绞车上马笼头和电极系(JD1、JD2)的保护盖拧开,对上插口并拧紧,初次使用时在连接处要抹一些硅脂用以防水。

2)测井准备

(1)松开绞车刹车,缓慢放出电缆,将电极系通过井口滑轮导入到钻孔中,记录电极系的初始位置。

(2)打开主机背面的电源开关,使主机处于开机状态。

(3)打开计算机电源。首次运行时,要安装测井智能系统软件,软件界面如图2-3所示。一般随机带有软件,也可到重庆地质仪器厂的主页上免费下载最新的测井智能系统软件。同时,按自己的需要建一个存放测井资料的文件夹。

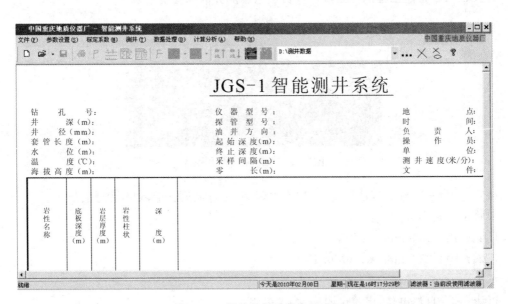

图2-3 测井数据采集主界面

3)开始测井

(1)运行测井智能系统软件,进入测井数据采集主界面,如图2-3所示。

(2)如果首次运行,可以点击主菜单上的"文件"菜单,然后点击"选择工作目录"项来确定测井数据存放的文件夹。

(3)如果首次运行,可以点击主菜单上的"标定系数"菜单,然后点击"探管标定系数"项和

"深度修正系数"项,将厂家出厂时测定的各种系数输入到相应的栏内。

(4)点击主菜单上的"测井"菜单选择"开始测井"项,这时将弹出"选择通信端口"设置菜单,如图 2-4 所示,一般都是 COM1。

(5)点击"确定"后,将弹出"井孔参数设置"菜单,如图 2-5 所示,分别在各栏输入相应信息后,点击"确定"。

图 2-4 选择通信端口

图 2-5 井孔参数设置菜单

(6)点击"确定"后,将会弹出"测井参数设置"菜单,如图 2-6 所示。

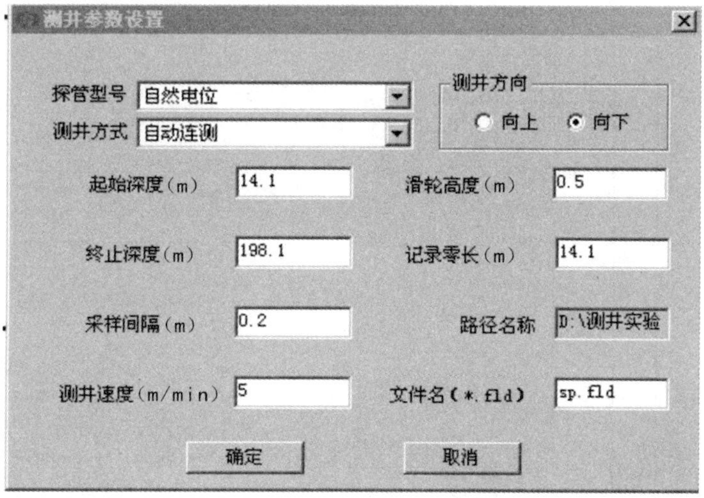

图 2-6 测井参数设置菜单

在探管型号的下拉菜单中选择"自然电位",测井方式选择"自动连测",起始深度栏输入起始深度,终止深度栏输入终止深度(注意:深度的设定要求要有小数点,如起始深度为 14.1);在测井方向选择栏选"向下"(注意:起始深度、终止深度和测井方向的配套),文件名栏输入自己容易记忆的文件名;参数设定完后,先按主机上的复位按钮开始初始化,然后点击"确定",计算机将会给主机发送参数信息,数码窗将会显示相关信息;信息发送完毕后,可以转动绞车摇把下放电缆,开始测井。最后可以用数字或曲线两种方式来显示测量的结果,如图 2-7 所示,自然电位测井的部分曲线。

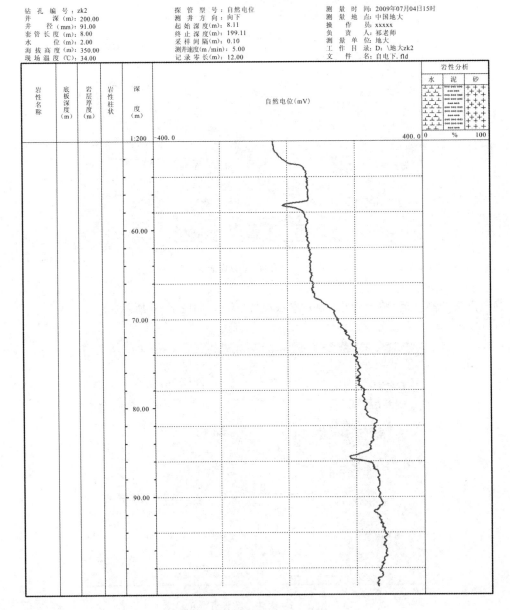

图 2-7 自然电位测井曲线

(7)在终止深度即将到达的时候,人工点击"终止测井",数据将会自动保存(注意:如果到达终止深度,测井自动终止,系统可能出现数据不能成功保存的问题)。

三、实验报告要求

(1)每位同学交一份实验报告。
(2)说明自然电位测井的基本原理及用途。
(3)叙述系统连接的详细过程。
(4)叙述自然电位测井的各个步骤及注意事项。
(5)分析自然电位测井曲线。

实验三　电阻率测井实验

一、实验目的

(1) 了解视电阻率测井的基本原理。
(2) 了解侧向测井的基本概念。
(3) 理解梯度电极系、电位电极系、装置系数等基本概念。
(4) 任选一种电阻率测井方法进行测井,了解电阻率测井的整个过程。
(5) 了解三侧向测井的基本原理与用途。
(6) 选用三侧向探管进行测井,了解三侧向测井的整个过程。
(7) 比较三侧向测井曲线与其他电阻率测井曲线的异同点。

二、实验内容

(一) 视电阻率测井的基本概念

1. 电阻率测井

岩石导电能力的好坏通常用电阻率这个物理量来表示,在钻孔中,用测量岩矿石电阻率来研究岩层性质的一组方法称为电阻率测井。这些方法包括视电阻率测井、微电极测井、侧向测井(深浅三侧向、七电极侧向、双侧向、微侧向)、感应测井等。

2. 电极系

普通电阻率法测井采用 4 个电极,2 个供电电极 A、B 和 2 个测量电极 M、N。3 个电极在井下,1 个电极在地面。在井下的可以是 2 个供电电极和 1 个测量电极(如 BAM),也可以是 2 个测量电极和 1 个供电电极(如 AMN),根据井下成对电极和不成对电极之间距离的不同,可分为梯度电极系和电位电极系。

1) 梯度电极系(图 3-1)

如果成对电极的距离远小于不成对电极到中间电极的距离,这种电极系就称为梯度电极系。以 AMN 电极为例,$MN \ll AM$。

成对电极的中点 O 处称为记录点。

成对电极的中点 O 到不成对电极之间的距离称为电极距,记为 L。

成对电极位于不成对电极的上方,称为顶部梯度电极系。

成对电极位于不成对电极的下方,称为底部梯度电极系。

成对电极之间距离为零的梯度电极系为理想梯度电极系。

梯度电极系的计算公式如下：

$$R_\mathrm{a} = 4\pi \frac{AM \cdot AN}{MN} \frac{\Delta V_{MN}}{I} = K \frac{\Delta V_{MN}}{I}$$

式中：R_a 为视电阻率；ΔV_{MN} 为 MN 电极之间的电位差；I 为供电电流的大小；K 为装置系数；AM、AN、MN 为电极之间的距离。

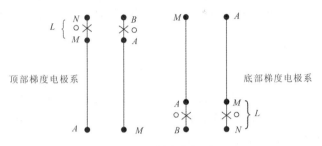

图 3-1 梯度电极系

2) 电位电极系(图 3-2)

如果成对电极的距离远大于不成对电极到中间电极的距离，这种电极系就称为电位电极系。以 AMN 电极为例，$MN \gg AM$。

不成对电极到中间电极的中点 O 处为记录点。

不成对电极到中间电极的距离称为电极距，记为 L。

成对电极位于不成对电极的下方，称为正装电位电极系。

成对电极位于不成对电极的上方，称为倒装电位电极系。

成对电极之间的距离为无穷大的电位电极系为理想电位电极系。

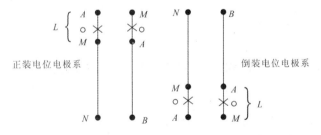

图 3-2 电位电极系

电位电极系的计算公式如下：

$$R_\mathrm{a} = 4\pi \frac{AM \cdot AN}{MN} \frac{\Delta V_{MN}}{I} = K \frac{\Delta V_{MN}}{I}$$

式中：R_a 为视电阻率；ΔV_{MN} 为 MN 电极之间的电位差；I 为供电电流的大小；K 为装置系数；AM、AN、MN 为电极之间的距离。

（二）视电阻率测井的主要用途

视电阻率测井曲线常用来划分钻孔地质剖面，估算岩层电阻率等。

(三)视电阻率测井的影响因素

1. 渗透性地层径向电阻率的变化

泥浆侵入渗透性地层径向上会形成泥饼、冲洗带、过渡带和原状地层。当地层的流体电阻率较低时,泥浆侵入后,侵入带电阻率将升高形成高侵剖面;当地层的流体电阻率较高时,泥浆侵入后,侵入带电阻率将降低形成低侵剖面。由于泥浆的侵入,使测量电阻率偏离实际地层的电阻率。

2. 井液的影响

井液的影响主要表现在:视电阻率曲线变圆滑,突变段和常数段消失,极大值变小,极小值变大,但视电阻率曲线的基本特征基本保留。详情请参阅教科书中关于理想梯度电极系和理想电位电极系理论曲线的相关描述。

3. 相邻地层的影响

当电极距 L 大于两高阻层间距时,由于高阻层对供电电极 A 的电流的排斥作用,使得下层的视电阻率减小形成减阻屏蔽。当电极距 L 小于两高阻层间距时,由于高阻层对电流的屏蔽作用,使得下层的视电阻率增大形成增阻屏蔽。

4. MN 极距的影响

随 MN 增大,顶部梯度电极系的视电阻率曲线的极值点下移 $MN/2$,底部梯度电极系的视电阻率曲线的极值点上移 $MN/2$。随 MN 增大,极大值减小,而极小值增大。

随 MN 减小,电位电极系的视电阻率曲线会出现不对称,极大值增大且位置发生改变。

(四)视电阻率测井实验

1. JGS-1B 智能工程测井系统进行视电阻率测井的配套电极系

1)探管名称

JD-1、JD-2,与自然电位测井使用相同的探管。

2)JD-1、JD-2 主要用途

确定岩层厚度、地层水电阻率,估算泥质含量,划分渗透岩层,确定侵入带电阻率等。

3)JD-1、JD-2 主要尺寸及参数

JD1:$\phi 40 \times 1330$mm(A0.9M0.1N)。

JD2:$\phi 40 \times 2332$mm(A1.6M0.4N)。

承受压力:$\leqslant 15$MPa。

可测参数:自然电位、电位电阻率、梯度电阻率。

4)探管名称(JD3)

电极系为四电极软电极系(图 3-3),测量时要挂重锤,以便井下仪顺利下放。软电极系可以分别组成顶部梯度、底部梯

图 3-3 四电极软电极系

度和电位电极系。测井时,系统会根据测量方式自动选择电极。4 个电板间距由用户确定。
- 测量参数:自然电位、电位电阻率、顶(底)部梯度电阻率、激电。
- 电阻率测量范围:0~10kΩ·m。
- 测量灵敏度:0.04Ω·m。
- 刻度精度误差:<5%。
- 承受压力:≤15MPa。
- 激电:技术指标决定于地面激电仪。

5)JD3 主要用途

确定岩层厚度、地层水电阻率,估算泥质含量,划分渗透岩层,确定侵入带电阻率等。

2. 梯度电极系测井实验步骤

1)系统连接

系统连接与自然电位测井相同。

2)测井准备

测井准备与自然电位测井相同。

3)开始测井

(1)运行测井智能系统软件,进入测井数据采集主界面。

(2)如果首次运行,可以点击主菜单上的"文件"菜单,然后点击"选择工作目录"项来确定测井数据存放的文件夹。

(3)如果首次运行,可以点击主菜单上的"标定系数"菜单,再点击"探管标定系数"项和"深度修正系数"项,将厂家出厂时测定的各种系数输入到相应的栏内。

(4)点击主菜单上的"测井"菜单,选择"开始测井"项,这时将弹出"选择通信端口设置"菜单,一般都是 COM1。

(5)点击"确定"后,将弹出"井孔参数设置"菜单,如图 3-4 所示,分别在各栏输入相应信息后,点击"确定"。

(6)点击"确定"后,将会弹出"测井参数设置"菜单,如图 3-5 所示。

在探管型号的下拉菜单中选择"梯度电阻率",测井方式选择"自动连测",起始深度栏输入起始深度,终止深度栏输入终止深度(注意:深度的设定要求要有小数点,如起始深度为 14.1);在测井方向选择栏选"向下",在文件名栏输入自己容易记忆的文件名;参数设定完后,先按主机上的复位按钮开始初始化,然后点击"确定",计算机将会给主机发送参数信息,数码窗将会显示相关信息;信息发送完毕后,按主机面板上的下井电源按钮对井下仪供电,这时下井电源指示灯会亮。供电选择按钮共有 7 挡,可以选择合适的井下仪工作电流。电流太小,测井曲线会有毛刺;电流太大,容易造成"平顶"现象。转动绞车摇把下放电缆,测井开始。最后可以用数字或曲线两种方式来显示测量的结果,梯度电阻率测井的部分曲线,如图 3-6 所示。

(7)在终止深度即将到达的时候,人工点击"终止测井",数据将会自动保存(注意:如果到达终止深度,测井自动终止,系统可能出现问题,使数据不能成功保存)。测井完毕后,请按主机面板上的下井电源按钮,切断下井电源,以便更换其他探管。

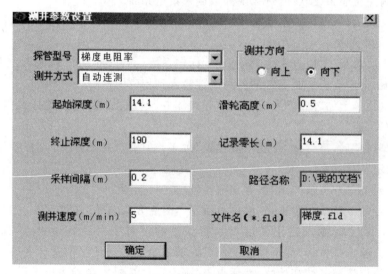

图 3-4　井孔参数设置菜单

图 3-5　测井参数设置菜单

3. 电位电极系测井实验步骤

1）系统连接

系统连接与自然电位测井相同。

2）测井准备

测井准备与自然电位测井相同。

3）开始测井

(1) 运行测井智能系统软件，进入测井数据采集主界面。

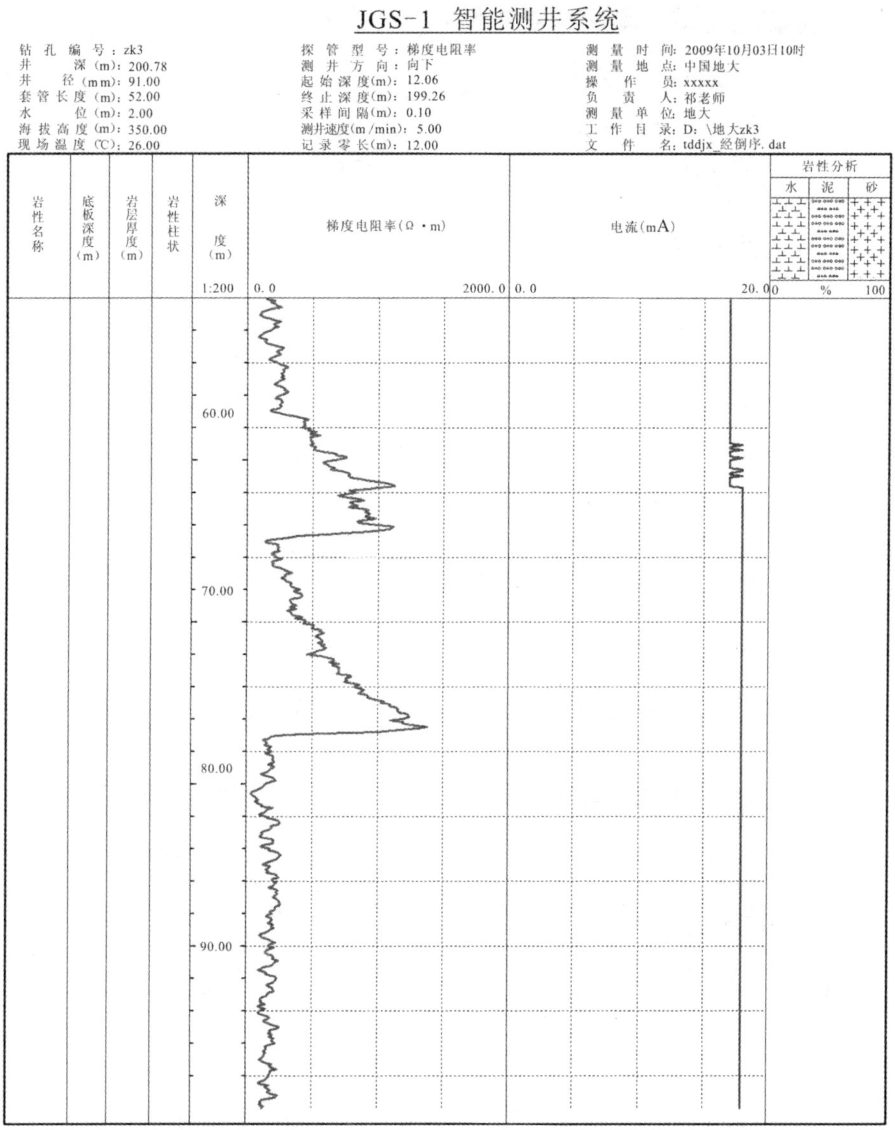

实验三 电阻率测井实验

图 3-6 视电阻率测井曲线

(2)如果首次运行,可以点击主菜单上的"文件"菜单,然后点击"选择工作目录"项来确定测井数据存放的文件夹。

(3)如果首次运行,可以点击主菜单上的"标定系数"菜单,再点击"探管标定系数"项和"深度修正系数"项,将厂家出厂时测定的各种系数输入到相应的栏内。

(4)点击主菜单上的"测井"菜单选择"开始测井"项,这时将弹出"选择通信端口设置"菜单,一般都是 COM1。

(5)点击"确定"后,将弹出"井孔参数设置"菜单,如图 3-7 所示,分别在各栏输入相应信息后,点击"确定"。

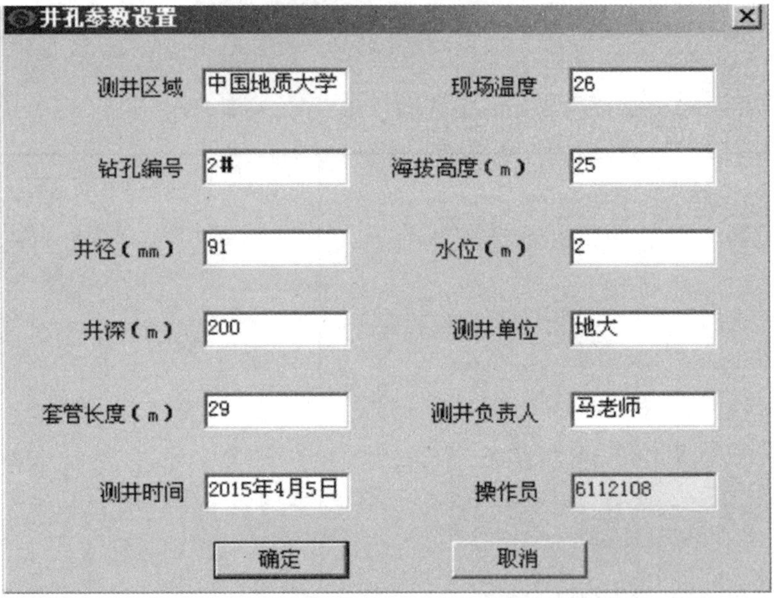

图 3-7　井孔参数设置菜单

(6)点击"确定"后,将会弹出"测井参数设置"菜单,如图 3-8 所示。

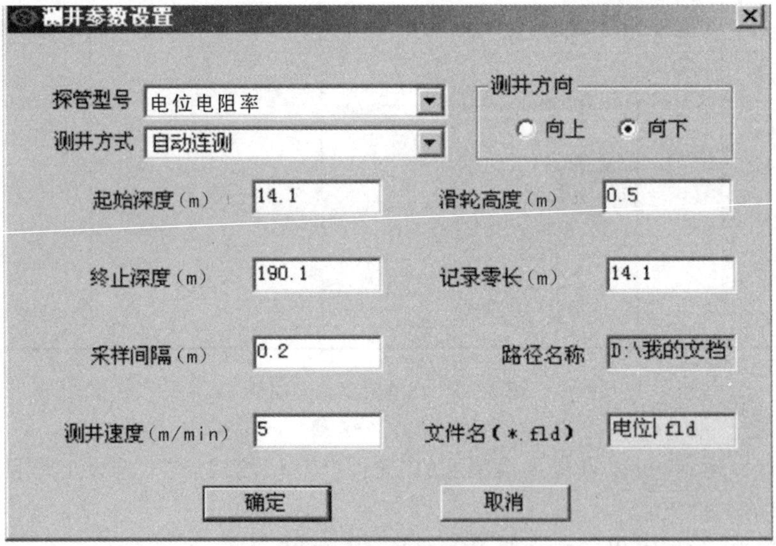

图 3-8　测井参数设置菜单

在探管型号的下拉菜单中选择"电位电阻率",测井方式选择"自动连测",起始深度栏输入起始深度,终止深度栏输入终止深度(注意:深度的设定要求要有小数点,如起始深度为14.1);在测井方向选择栏选"向下",在文件名栏输入自己容易记忆的文件名;参数设定完后,先按主机上的复位按钮开始初始化,然后点击"确定",计算机将会给主机发送参数信息,数码窗将会显示相关信息;信息发送完毕后,按主机面板上的下井电源按钮对井下仪供电,这时下井电源指示灯会亮。供电选择按钮共有7挡,可以选择合适的井下仪工作电流,电流太小,测井曲线会有毛刺;电流太大,则容易造成"平顶"现象。转动绞车摇把下放电缆,测井开始。最后可以用数字或曲线两种方式来显示测量的结果。如图3-9所示,为电位电阻率的部分曲线。

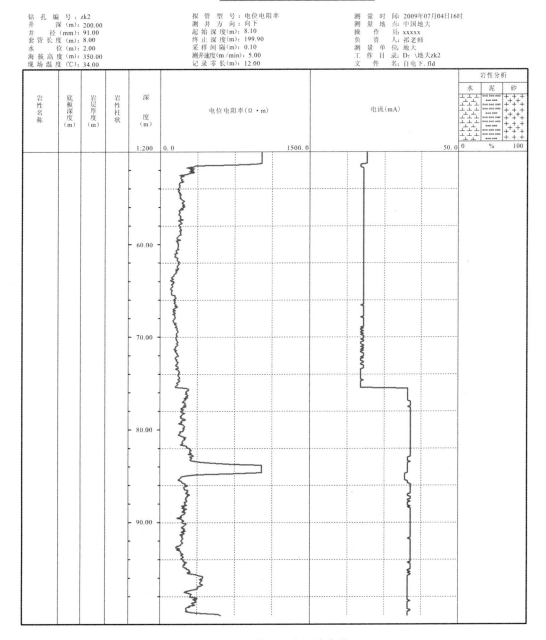

图3-9 电位电阻率测井曲线

（7）在终止深度即将到达的时候，人工点击"终止测井"，数据将会自动保存（注意：如果到达终止深度，测井自动终止，系统可能出现问题，使数据不能成功保存）。测井完毕后，请按主机面板上的下井电源按钮，切断下井电源，以便更换其他探管。

（五）三侧向测井基本概念

1. 三侧向测井原理

如图3-10所示，在主电极 A_0 的两侧加上屏蔽电极 A_1 和 A_2，给主电极 A_0 和屏蔽电极 A_1 与 A_2 提供极性相同的电流使得主电极 A_0 的电流不能沿钻孔上下流动，只能侧向流动。记录点位于 A_0 中点，电流的方向垂直于电极系的轴线，因此将这种方法称为三侧向测井。

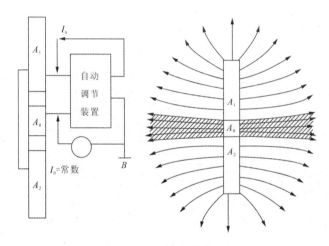

图3-10 三侧向测井原理

如图3-11所示，三侧向测井电极系是一个被绝缘物质分成3段的圆柱体，A_1 和 A_2 短路，并使 A_0、A_1、A_2 之间电位相等。当电极系进入不同电阻率地层时，三侧向测井电极系 A_0、A_1、A_2 之间电位将不相等，这时仪器的自动调节装置会自动调节屏蔽电流大小，直至 A_0、A_1、A_2 之间电位相等。

图3-11 JGS-1B智能工程测井系统配套的三侧向探管X411

2. 三侧向主要用途

由于屏蔽电极的作用，主电极的电流几乎垂直流向地层，使得三侧向测井这种方法具有探测深度大、受井液和上下围岩影响小的特点。而主电极的尺寸较小,使它具有分层能力强、可划分夹层的特点,可以用来确定岩层电阻率。这种探管对于高阻薄层或者复杂结构的交互层具有明显的效果。

(六)三侧向测井实验

1. 三侧向探管简介

JGS-1B 智能工程测井系统配套的三侧向探管 X411 参数如下。
- 测程:$0\sim10\mathrm{k}\Omega\cdot\mathrm{m}$。
- 输出信号:$0\sim9\mathrm{V}$ 直流电压。
- 工作温度:$-10\sim+60℃$。
- 外形尺寸:$\phi 40\times1416\mathrm{mm}$。
- 探管重量:4.8kg。
- 测量井深:$\leqslant2000\mathrm{m}$。
- 承受压力:$\leqslant20\mathrm{MPa}$。

2. 三侧向测井实验步骤

1)系统连接

系统连接的步骤与自然电位测井一样,只是将电极系换成 X411 三侧向电阻率探管。

2)测井准备

测井准备过程与自然电位测井相同。只是将电极系换成 X411 三侧向电阻率探管。

3)开始测井

(1)运行测井智能系统软件,进入测井数据采集主界面。

(2)如果首次运行,可以点击主菜单上的"文件"菜单,然后点击"选择工作目录"项来确定测井数据存放的文件夹。

(3)如果首次运行,可以点击主菜单上的"标定系数"菜单,点击"探管标定系数"项和"深度修正系数"项,将厂家出厂时测定的各种系数输入到相应的栏内。

(4)点击主菜单上的"测井"菜单选择"开始测井"项,这时将弹出"选择通信端口设置"菜单,一般都是 COM1。

(5)点击"确定"后,将弹出"井孔参数设置"菜单,如图 3-12 所示,分别在各栏输入相应信息后,点击"确定"。

(6)点击"确定"后,将会弹出"测井参数设置"菜单,如图 3-13 所示。

在探管型号的下拉菜单中选择"X411 三侧向探管",测井方式选择"自动连测",起始深度栏输入起始深度,终止深度栏输入终止深度(注意:深度的设定要求要有小数点,如起始深度为 14.1);在测井方向选择栏选"向下",在文件名栏输入自己容易记忆的文件名;参数设定完后,先按主机上的复位按钮开始初始化,然后点击"确定",计算机将会给主机发送参数信息,数码窗将会显示相关信息;信息发送完毕后,按主机面板上的下井电源按钮对井下仪供电,这时下井电源指示灯会亮。对于三侧向探管,供电选择按钮无效。转动绞车摇把下放电缆,测井开始。可以用数字或曲线两种方式来显示测量的结果,三侧向电阻率曲线,如图 3-14 所示。

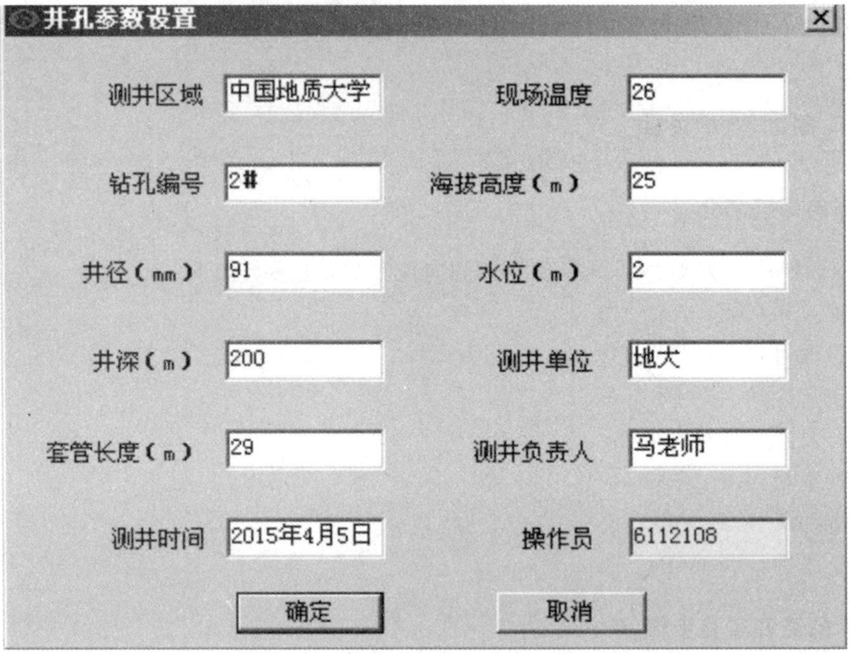

图 3-12 井孔参数设置菜单

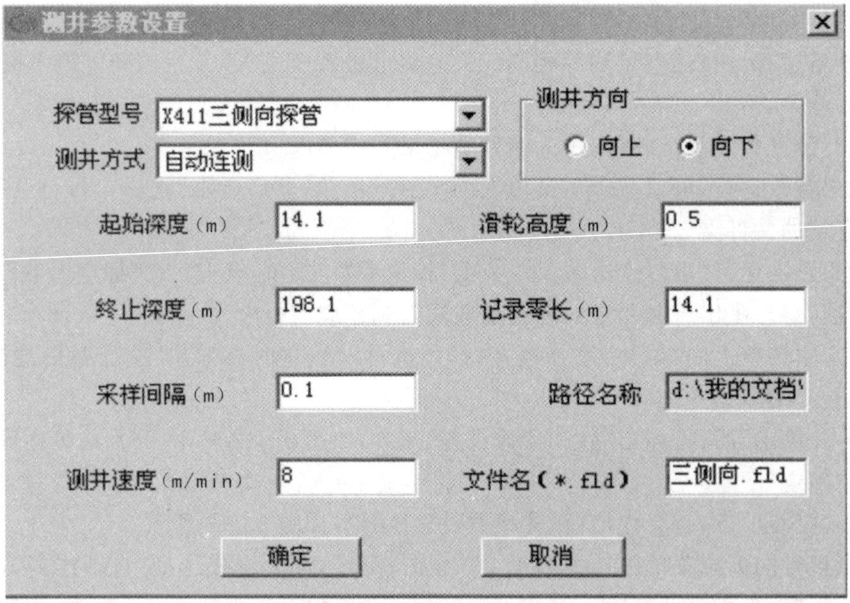

图 3-13 测井参数设置菜单

(7) 在终止深度即将到达的时候,人工点击"终止测井",数据将会自动保存(注意:如果到达终止深度,测井自动终止,系统可能出现问题,使数据不能成功保存)。测井完毕后,请按主机面板上的下井电源按钮,切断下井电源,以便更换其他探管。

实验三 电阻率测井实验

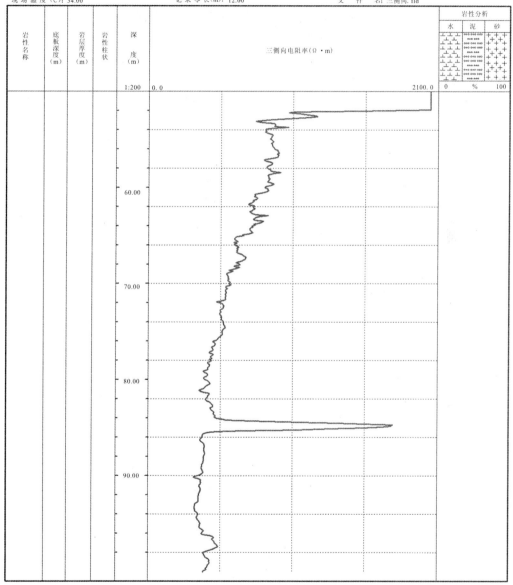

图3-14 三侧向测井曲线

三、实验报告要求

(1)每位同学交一份实验报告。
(2)说明视电阻率测井的基本原理及用途。
(3)试比较梯度电极系和电位电极系的区别及各自用途。
(4)任选一种视电阻率测井方法进行测井,描述其具体步骤及注意事项。
(5)试比较实测视电阻率曲线与对应的理论曲线的差别。
(6)说明三侧向测井的基本原理及用途。
(7)用所学知识说明三侧向测井曲线划分薄层的能力。
(8)选用三侧向探管 X411 进行测井,描述具体步骤及注意事项。
(9)试分析三侧向测井曲线,指出实验井夹层所在的深度位置。

实验四 磁化率测井及三分量磁测井实验

一、实验目的

(1) 掌握磁化率测井的基本原理。
(2) 掌握磁化率测井的主要用途。
(3) 了解 JGS-1B 智能工程测井系统配套磁化率测井探管 H411 的基本参数。
(4) 选择磁化率探管进行测井,熟悉磁化率测井的整个工作过程。
(5) 掌握三分量磁测井的基本原理及用途。
(6) 了解 JGS-1B 智能工程测井系统配套的三分量磁测井探管 CX-3 的基本参数。
(7) 选择三分量磁测井探管进行测井,熟悉三分量磁测井的整个工作过程。
(8) 了解三分量磁测井曲线的基本参数以及初步解释。

一、实验内容

(一) 磁测井概念

1. 井中磁测

井中三分量磁测和磁化率测井称为井中磁测,它基于研究各种岩矿石的磁性差异以及由此而引起的地磁场变化。

2. 磁化率测井原理

磁化率测井依据的是电磁感应原理,探管通常采用一个带有铁芯的线圈作为灵敏元件,当交变电流通过线圈时,线圈产生交变磁场。线圈产生的磁场称为一次场。磁力线经过钻孔周围的岩矿石形成闭合磁路,磁力线所经过的岩矿石被磁化。而被磁化的介质产生的附加磁场称为二次场。

在顺磁介质中由于二次场的磁化方向和相位与一次场相同,使线圈中的磁通量增加从而增加了线圈的自感量,介质的磁化率越高,线圈的自感增加越多。也就是说,测量线圈自感 L 的变化,就能测出介质磁化率的变化。这种测量方式称为磁化率测井。

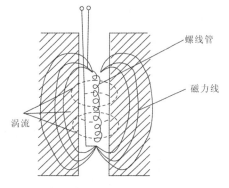

图 4-1 磁化率测井原理

(二)磁化率测井主要用途

磁化率测井主要用于解决井旁及井周地质问题,如划分磁性层、确定磁性层深度和厚度、提供磁性参数(磁化率、磁化强度等)、验证评价地面磁异常;发现井旁盲矿,确定其空间位置;预报井底盲矿,估算可能见矿深度;评价磁铁矿含量等。

(三)磁化率测井实验

1. JGS-1B 智能工程测井系统配套磁化率探管 H411 技术指标

JGS-1B 智能工程测井系统配套的磁化率探管 H411 如图 4-2 所示,各项参数如下。

图 4-2 磁化率探管 H411

- 外形尺寸:$\phi 45 \times 1200$mm。
- 探管重量:5.6kg。
- 测量井深:≤2000m。
- 承受压力:≤20MPa。
- 探管记录点:1m。
- 测量范围:$(1 \sim 10\ 000) \times 10^{-4}$SI。
- 输出信号:0~9V 直流电压。
- 刻度精度:≤5%。
- 稳定性误差:≤10%。
- 工作温度:$-10°C \sim +60°C$。
- 用途:寻找磁铁矿。

2. 磁化率测井实验步骤

1)系统连接

系统连接的步骤与自然电位测井一样,只是将电极系换成 H411 磁化率探管。

2)测井准备

测井准备过程与自然电位测井相同,只是将电极系换成 H411 磁化率探管。

3)开始测井

(1)运行测井智能系统软件,进入测井数据采集主界面。

(2)如果首次运行,可以点击主菜单上的"文件"菜单,然后点击"选择工作目录"项来确定测井数据存放的文件夹。

实验四 磁化率测井及三分量磁测井实验

(3)如果首次运行,可以点击主菜单上的"标定系数"菜单,再点击"探管标定系数"项和"深度修正系数"项,将厂家出厂时测定的各种系数输入到相应的栏内。

(4)点击主菜单上的"测井"菜单选择"开始测井"项,这时将弹出"选择通信端口设置"菜单,一般都是COM1。

(5)点击"确定"后,将弹出"井孔参数设置"菜单,如图4-3所示,分别在各栏输入相应信息后,点击"确定"。

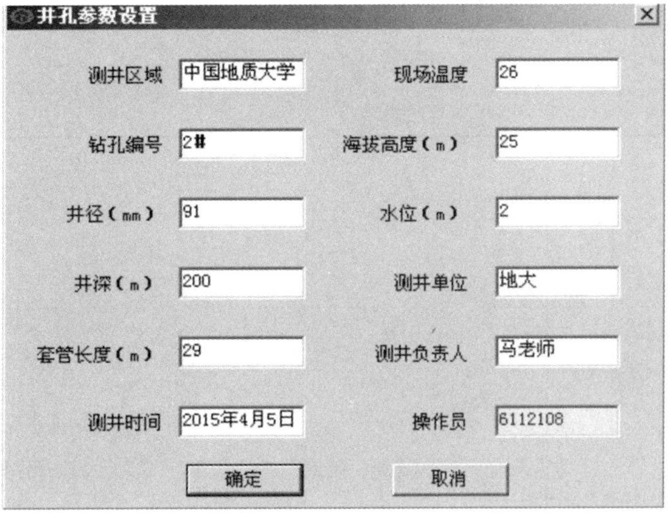

图4-3 井孔参数设置菜单

(6)点击"确定"后,将会弹出"测井参数设置"菜单,如图4-4所示。

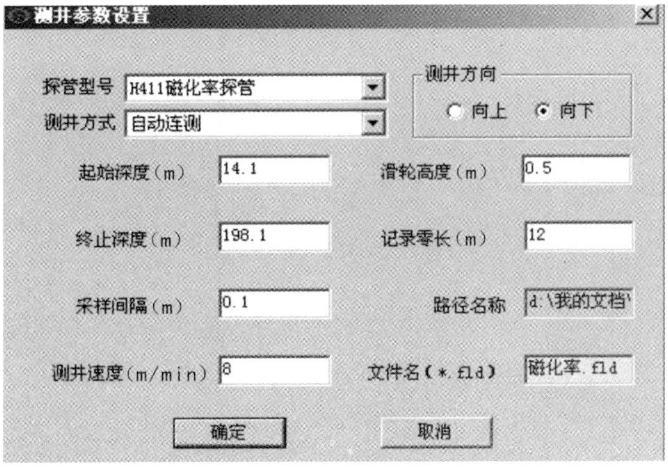

图4-4 测井参数设置菜单

在探管型号的下拉菜单中选择"H411磁化率探管",测井方式选择"自动连测",起始深度栏输入起始深度,终止深度栏输入终止深度(注意:深度的设定要求要有小数点,如起始深度为

14.1);在测井方向选择栏选"向下",文件名栏输入自己容易记忆的文件名;参数设定完后,先按主机上的复位按钮开始初始化,然后点击"确定",计算机将会给主机发送参数信息,数码窗将会显示相关信息;信息发送完毕后,按主机面板上的下井电源按钮对井下仪供电,这时下井电源指示灯会亮。对于 H411 磁化率探管供电选择按钮无效。转动绞车摇把下放电缆,测井开始。最后可以用数字或曲线两种方式来显示测量的结果,磁化率测井曲线如图 4-5 所示。

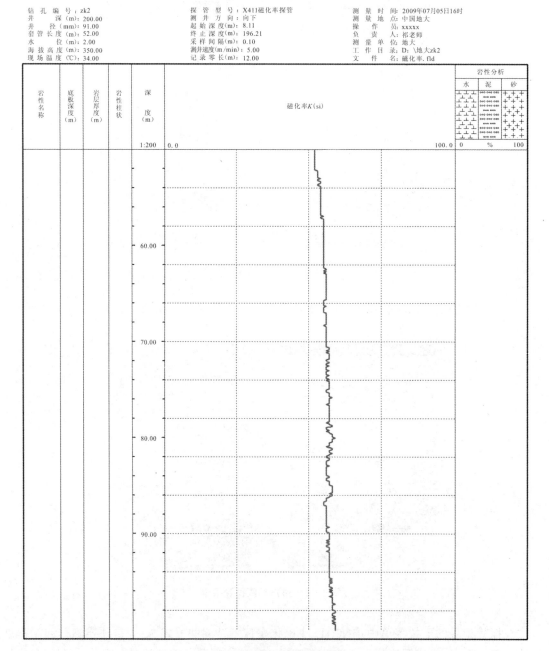

图 4-5 磁化率测井曲线

(7)在终止深度即将到达的时候,人工点击"终止测井",数据将会自动保存(注意:如果到达终止深度,测井自动终止,系统可能出现问题,使数据不能成功保存)。测井完毕后,请按主机面板上的下井电源按钮,切断下井电源,以便更换其他探管。

(四)三分量磁测井基本概念

1. 三分量磁测

三分量磁测是以各种岩矿石具有不同磁性为物理基础的。它能够通过获得3个磁场分量 X、Y、Z 的值来进一步确定矿体的深度和方向,确定矿体位置、延伸、范围和厚度,确定矿体的产状;验证地面磁异常,配合地面磁测进行三度解释;能够高精度地测量井斜方位和倾角。

2. 三分量磁测测量系统的定向

井中磁力仪坐标系统的定向是十分关键的。目前国内外井中磁力仪常用的定向系统有两种,一种是轴向定向系统,一种是垂向定向系统,如图4-6所示。

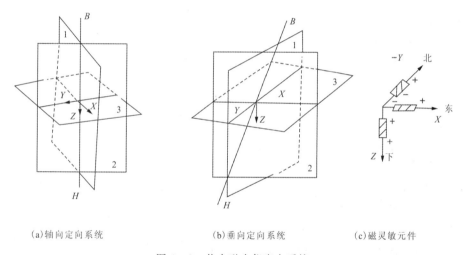

(a)轴向定向系统　　　　(b)垂向定向系统　　　　(c)磁灵敏元件

图4-6　井中磁力仪定向系统

BH 为井轴;1.钻孔倾斜面;2.垂直面;3.X、Y 轴组成的平面

轴向定向系统只有一个自由度,即 Z 轴始终平行于井轴,X 轴、Y 轴互相垂直,同时都垂直于 Z 轴。垂向定向系统有两个自由度,Z 轴始终沿着铅垂方向,Y 轴水平且始终指向井倾斜方向,X 轴垂直于 Y 轴和 Z 轴。JGS-1B智能工程测井系统配套的JCX-3型三分量磁测探管就是采用垂向定向系统。

(五)井中三分量磁测主要用途

三分量磁测可确定磁性矿体位置、延伸、范围和厚度,确定矿体的产状;验证地面磁异常,配合地面磁测进行三度解释;能够高精度地测量井斜方位和倾角。

(六)井中三分量磁测实验

1. JCX-3型三分量磁测探管技术指标

JCX-3型三分量磁测探管如图4-7所示,各项参数如下。

图4-7　JCX-3型三分量磁测探管

- 探管外形尺寸:$\phi 40 \times 1400$mm。
- JCX-3探管记录点:0.8m。
- 测量范围:$-99\ 999 \sim +99\ 999$nT。
- X、Y磁敏元件转向差$\leqslant 400$nT。
- Z磁敏元件转向差$\leqslant 300$nT。
- 倾角测量范围$0 \sim 45°$,误差小于$0.2°$。
- 方位角测量范围$0 \sim 360°$,误差小于$2°$(倾角$\geqslant 3°$)。
- 线性度$\leqslant 2‰$。
- 数字输出,更新速度$\geqslant 3$次/秒。
- 测量井深:$\leqslant 2000$m。
- 探管耐压:$\leqslant 150$kg/cm^2。
- 配用电缆:四芯铠装电缆。
- 仪器工作电源:DC12V/200mA。
- 工作环境:温度为$0 \sim 70°$;湿度为90%($40℃$)。

2. 井中三分量磁测实验步骤

1)系统连接

系统连接的步骤与自然电位测井一样,只是将电极系换成JCX-3三分量磁力仪探管。

2)测井准备

测井准备过程与自然电位测井相同,只是将电极系换成JCX-3三分量磁力仪探管。

3)开始测井

(1)运行测井智能系统软件,进入测井数据采集主界面。

(2)如果首次运行,可以点击主菜单上的"文件"菜单,然后点击"选择工作目录"项来确定测井数据存放的文件夹。

(3)如果首次运行,可以点击主菜单上的"标定系数"菜单,再点击"探管标定系数"项和"深度修正系数"项,将厂家出厂时测定的各种系数输入到相应的栏内。

（4）点击主菜单上的"测井"菜单选择"开始测井"项，这时将弹出"选择通信端口设置"菜单，一般都是COM1。

（5）点击"确定"后，将弹出"井孔参数设置"菜单，如图4-8所示，分别在各栏输入相应信息后，点击"确定"。

图4-8 井孔参数设置菜单

（6）点击"确定"后，将会弹出"测井参数设置"菜单，如图4-9所示。

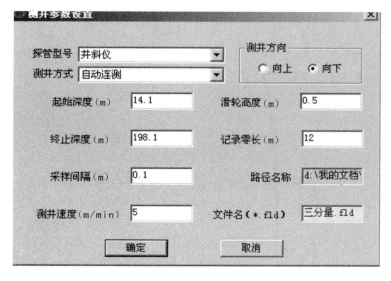

图4-9 测井参数设置菜单

在探管型号的下拉菜单中选择"井斜仪"(注意:这里不能选择三分量,否则无法工作),测井方式选择"自动连测",起始深度栏输入起始深度,终止深度栏输入终止深度(注意:深度的设定要求要有小数点,如起始深度为14.1);在测井方向选择栏选"向下",文件名栏输入自己容易记忆的文件名;参数设定完后,先按主机上的复位按钮开始初始化,然后点击"确定",计算机将会给主机发送参数信息,数码窗将会显示相关信息;信息发送完毕后,按主机面板上的下井电源按钮对井下仪供电,这时下井电源指示灯会亮。对于JCX-3三分量磁力仪探管,供电选择按钮无效。转动绞车摇把下放电缆,测井开始。最后可以用数字或曲线两种方式来显示测量的结果,三分量磁测曲线如图4-10所示。可以同时获得X、Y、Z三个分量以及倾角和方位角几个参数的值。

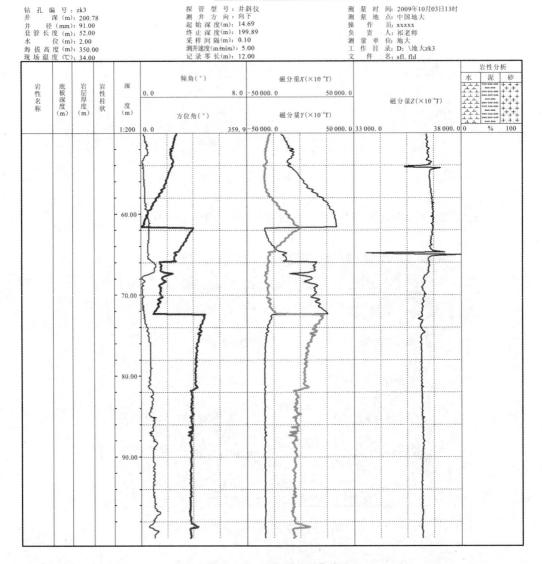

图 4-10 三分量磁测曲线

(7)在终止深度即将到达的时候,人工点击"终止测井",数据将会自动保存(注意:如果到达终止深度,测井自动终止,系统可能出现问题,使数据不能成功保存)。测井完毕后,请按主机面板上的下井电源按钮,切断下井电源,以便更换其他探管。

(七)高精度测斜仪介绍及实验步骤

测斜探管JSC-1,由于测斜探管结构与三分量磁测探管相似,所有的操作步骤一致,获得的参数一致,都是X、Y、Z三个分量以及倾角和方位角。两个探管的差别在于:外观上三分量磁测探管略短一些,三分量磁测探管的灵敏元件精度更高一些。这里不再重复。

三、实验报告要求

(1)每位同学交一份实验报告。
(2)说明磁化率测井的基本原理及用途。
(3)说明磁化率测井和感应测井的区别。
(4)选用磁化率探管X411进行测井,描述操作步骤及注意事项。
(5)说明三分量磁测的主要用途。
(6)简要说明轴向定向系统和垂向定向系统。
(7)选用JCX-3型三分量磁测探管进行测井,描述操作步骤及注意事项。

实验五　声波测井实验

一、实验目的

(1)了解声波测井的基本原理。
(2)了解声波测井的基本装置和测量参数。
(3)通过声波测井实验熟悉声波测井的操作步骤。
(4)了解声波曲线的意义及初步解释。

二、实验内容

(一)声波测井基本概念

1. 声波测井

声波测井方法是以声波在不同岩石中的传播差异为基础的。它主要用于确定岩石声速、孔隙度,以及划分岩性、煤层和含气层等。声波测井的方法主要有声波速度测井、声波幅度测井、声波全波列、声波电视和地震测井等。

2. 声波在介质分界面上的传播特征

如图 5-1 所示,α_1、α_2、β、i 分别为入射角、反射角、透射角和临界角,临界角是透射角为 90°时的入射角。当入射角小于临界角时,产生反射波和透射波;当入射角等于临界角时,产生滑行波和折射波;当入射角大于临界角时,产生全反射波。

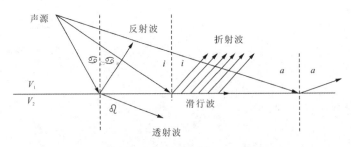

图 5-1　声波在介质分界面上的传播

3. 声波测井中的声波

在声波测井中,发射器发出声波后,到达接收器的声波有直达波、反射波和滑行波。滑行波是最先到达接收器的波,故也称为初至波。由于滑行波在地层(井壁)中滑行的时间与地层的速度密切相关。所以,声波测井将测量初至波从发射器发出至到达接收器的时间。

4. 单发双收声速测井原理

T 发射器是一种电-声能转换器,常由压电陶瓷、压电石英组成,即发射器把电能转换成声能,并以声波的形式发射出去。发射器每秒间歇地发射 10~20 次,每次发射频率为 20kHz 的声波。R 接收器是一种声-电能转换器,常由压电陶瓷、压电石英组成,即把接收到的声能转换成电脉冲信号。

如图 5-2 所示,单发双收声速测井测量的是:T 发射后,同一初至波(滑行纵波)触发两个接收器 R_1、R_2 的时间之差。定义为声波时差 Δt。

$$\Delta t = t_2 - t_1$$

式中:t_2 为初至波到达第二个接收器的时间;t_1 为初至波到达第一个接收器的时间。

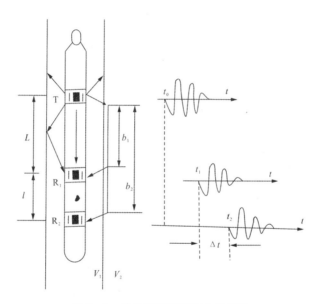

图 5-2 单发双收声速测井原理图

(二)声波测井主要用途

声波测井主要用于确定岩石声速、孔隙度,以及划分岩性、煤层和含气层等。

(三)声波测井实验

1. JGS-1B 智能工程测井系统配置的声波探管 S523 基本参数

声波探管有单发单收(即一个发射器、一个接收器)、单发双收、双发双收。重庆地质仪器厂的 JGS-1B 智能工程测井系统配置的声波探管 S523(图 5-3)为单发双收探管。它的源距为 0.5m、0.7m,间距为 0.2m,探管外径为 50mm。

图 5-3 声波探管 S523

- 测量范围:125～555μs/m。
- 发射周期:106ms。
- 发射声波频率:20±5kHz。
- 刻度精度:±5μs/m。
- 源距:0.5～0.7m。
- 间距:0.2m。
- 传输方式:8位数字输出。
- 工作环境温度:-10～70℃。

2. 声波测井实验步骤

1)系统连接
系统连接的步骤与自然电位测井一样,只是将电极系换成声波探管 S523。
2)测井准备
测井准备过程与自然电位测井相同,只是将电极系换成声波探管 S523。
3)开始测井
(1)运行测井智能系统软件,进入测井数据采集主界面。
(2)如果首次运行,可以点击主菜单上的"文件"菜单,然后点击"选择工作目录"项来确定测井数据存放的文件夹。
(3)如果首次运行,可以点击主菜单上的"标定系数"菜单,再点击"探管标定系数"项和"深度修正系数"项,将厂家出厂时测定的各种系数输入到相应的栏内。
(4)点击主菜单上的"测井"菜单选择"开始测井"项,这时将弹出"选择通信端口设置"菜单,一般都是 COM1。
(5)点击"确定"后,将弹出"井孔参数设置"菜单,如图 5-4 所示,分别在各栏输入相应信息后,点击"确定"。
(6)点击"确定"后,将会弹出"测井参数设置"菜单,如图 5-5 所示。
在探管型号的下拉菜单中选"S523 声波探管",测井方式选择"自动连测",起始深度栏输入起始深度,终止深度栏输入终止深度(注意:深度的设定要求要有小数点,如起始深度为14.1);在测井方向选择栏选"向下",文件名栏输入自己容易记忆的文件名;参数设定完成后,先按主机上的复位按钮开始初始化,然后点击"确定",计算机将会给主机发送参数信息,数码窗将会显示相关信息;信息发送完毕后,按主机面板上的下井电源按钮对井下仪供电,这时下井电源指示灯会亮。对于 S523 声波探管,供电选择按钮无效。转动绞车摇把下放电缆,测井开始。可以用数字或曲线两种方式来显示测量的结果,声波测井曲线如图 5-6 所示。可以同时获得近接收、远接收、声波时差等几个参数的值。

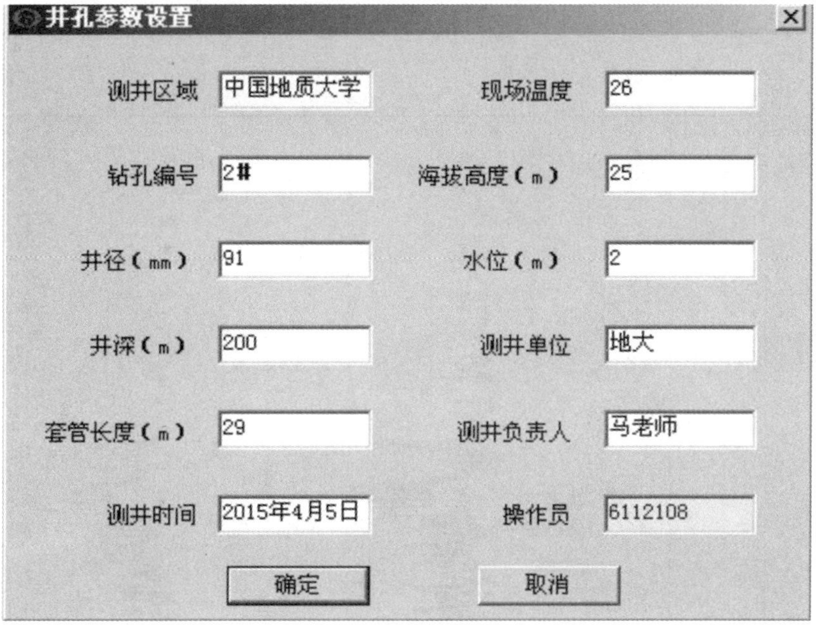

图 5-4 井孔参数设置菜单

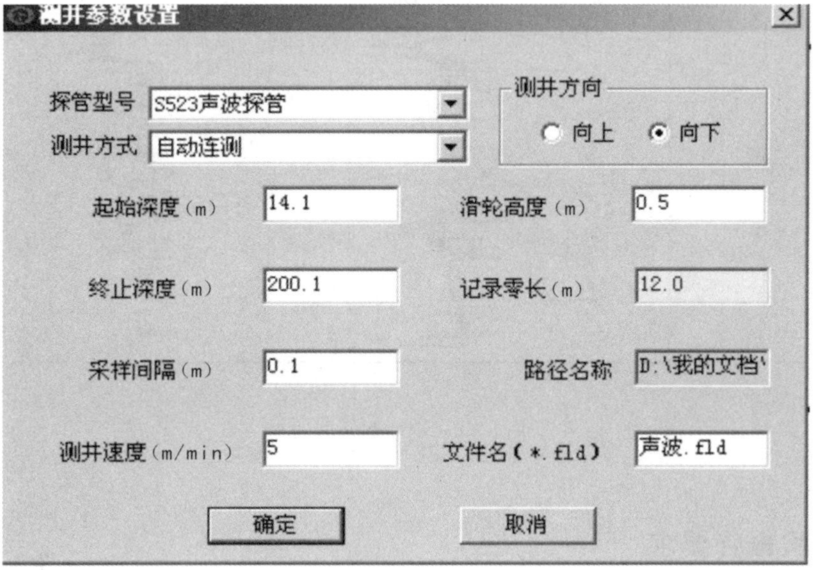

图 5-5 测井参数设置菜单

(7)在终止深度即将到达的时候,人工点击"终止测井",数据将会自动保存(注意:如果到达终止深度,测井自动终止,系统可能出现问题,使数据不能成功保存)。测井完毕后,请按主机面板上的下井电源按钮,切断下井电源,以便更换其他探管。

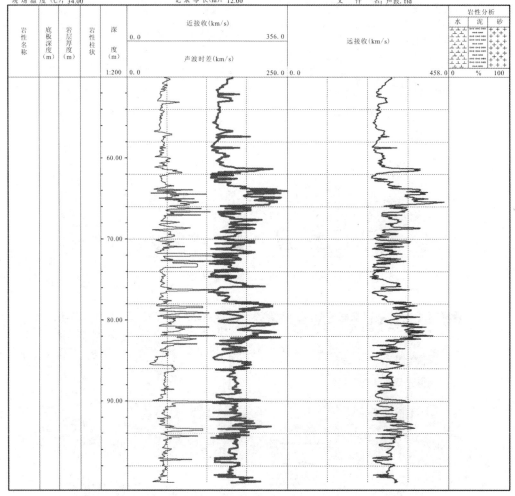

图 5-6 声波测井曲线

三、实验报告要求

(1) 每位同学交一份实验报告。
(2) 说明声波测井的主要用途。
(3) 简要说明声波在介质分界面上的传播特征。
(4) 选用 S523 声波探管进行测井,描述操作步骤及注意事项。
(5) 解释实测的声波曲线上的异常段。

实验六　自然伽马测井实验

一、实验目的

(1)了解放射性测井的基本原理。
(2)了解双密度组合探管 M432 的基本参数。
(3)了解自然伽马测井的用途。
(4)了解用双密度组合探管 M432 进行自然伽马测井的整个过程。

二、实验内容

(一)放射性测井基本原理

放射性测井是以不同地层的放射性差异为基础的。放射性测井的方法有自然伽马、伽马-伽马(密度)、中子-伽马、中子寿命和碳氧比等,它既可以在套管井中测量,也可以在空井和油基泥浆井中进行测量。

1. 自然伽马测井原理

1)原理

γ 射线探测器将探测到的地层的 γ 射线变换成电脉冲信号,每一道 γ 射线变换成一个负脉冲信号,经过放大、排除干扰、整形后送入计数器电路,最后得到自然伽马测井曲线,单位:脉冲/分钟。

2)自然伽马测井仪的刻度

为使不同的仪器或者同一仪器在不同的时间测定结果能进行定量分析,必须使仪器标准化,即仪器必须有刻度。目前刻度的级别分为三级,一级刻度为国家统一标准,二级刻度为各厂家建立的标准,三级刻度为现场标准,单位为 API。

3)伽马-伽马测井

与自然伽马测井测量天然的伽马射线强度不同,伽马-伽马测井测量的是人工伽马射线强度(散射伽马),其根本的区别在于伽马-伽马测井仪的下部有伽马源。目前伽马-伽马测井使用的伽马源为 Cs137(铯)源,Co60(钴)源。(由于考虑到安全问题,地空学院购置放射源的申请没有被学校批准。因此无法进行伽马-伽马测井,编者注。)

(二)放射性测井的主要用途

依据天然放射性的强弱划分钻孔的地质剖面,估计岩石中的泥质含量,进行钻孔间的剖面对比等。

（三）自然伽马测井实验

1. 双密度组合探管 M432(自然伽马探管)基本参数

重庆地质仪器厂的 JGS-1B 智能工程测井系统配置的双密度组合探管 M432(图 6-1)，可同时进行自然伽马和伽马-伽马的测井。如果不加放射源，则只能作自然伽马测井。

图 6-1 双密度组合探管

- 工作源强：30mCi137 Cs 同位素长、短源距及自然 γ 探头均采用。
- 闪烁体：NaI(T1)、ϕ 23×60mm。
- 光电倍增管：GDB23。
- 计数范围：0～32 000cps。
- 长源距：400～500mm 可调。
- 短源距：250～350mm 可调。
- 密度测量范围：1～4g/cm³(标定做到 2.8g/cm³)。
- 自然测量范围：1～10 000API。
- 数字传输：8 位数字串行输出。

2. 自然伽马测井实验步骤

1)系统连接

系统连接的步骤与自然电位测井一样，只是将电极系换成双密度组合探管 M432。

2)测井准备

测井准备过程与自然电位测井相同，只是将电极系换成双密度组合探管 M432。

3)开始测井

(1)运行测井智能系统软件，进入测井数据采集主界面。

(2)如果首次运行，可以点击主菜单上的"文件"菜单，然后点击"选择工作目录"项来确定测井数据存放的文件夹。

(3)如果首次运行，可以点击主菜单上的"标定系数"菜单，再点击"探管标定系数"项和"深度修正系数"项，将厂家出厂时测定的各种系数输入到相应的栏内。

(4)点击主菜单上的"测井"菜单选择"开始测井"项，这时将弹出"选择通信端口设置"菜单，一般都是 COM1。

(5)点击"确定"后，将弹出"井孔参数设置"菜单，如图 6-2 所示，分别在各栏输入相应信息后，点击"确定"。

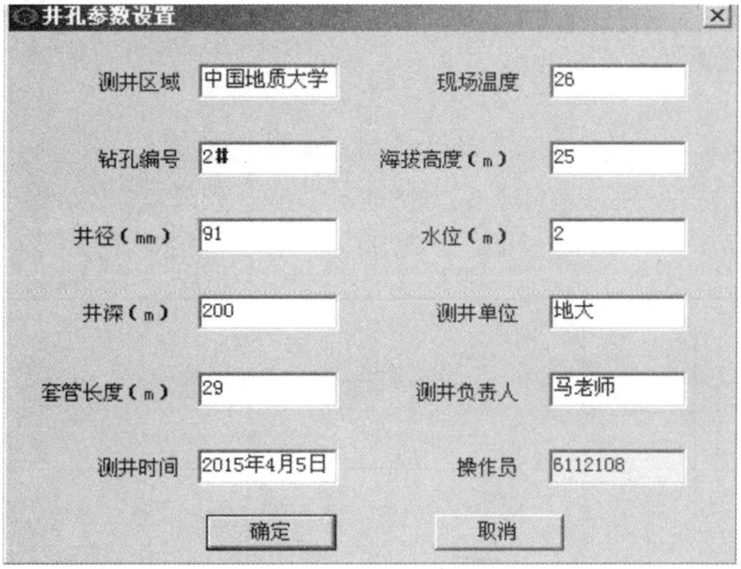

图 6-2　井孔参数设置菜单

(6)点击"确定"后,将会弹出"测井参数设置"菜单,如图 6-3 所示。

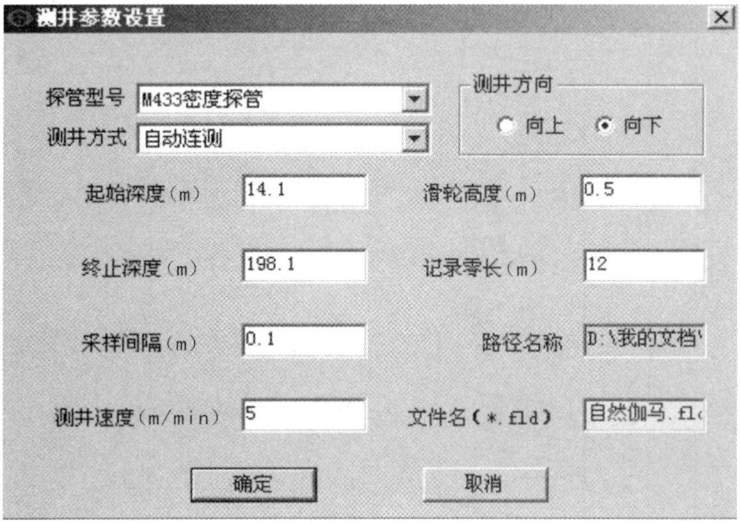

图 6-3　测井参数设置菜单

在探管型号的下拉菜单中选择"M433 密度探管",测井方式选择"自动连测",起始深度栏输入起始深度,终止深度栏输入终止深度(注意:深度的设定要求要有小数点,如起始深度为14.1);在测井方向选择栏选"向下",文件名栏输入自己容易记忆的文件名;参数设定完后,先按主机上的复位按钮开始初始化,然后点击"确定",计算机将会给主机发送参数信息,数码窗将会显示相关信息;信息发送完毕后,按主机面板上的下井电源按钮对井下仪供电,这时下井电源指示灯会亮。对于 M432 密度探管供电选择按钮无效。转动绞车摇把下放电缆，测井开始。可以用数字或曲线两种方式来显示测量的结果，自然伽马测井曲线如图 6-4 所示，可以获得自然伽马的参数。

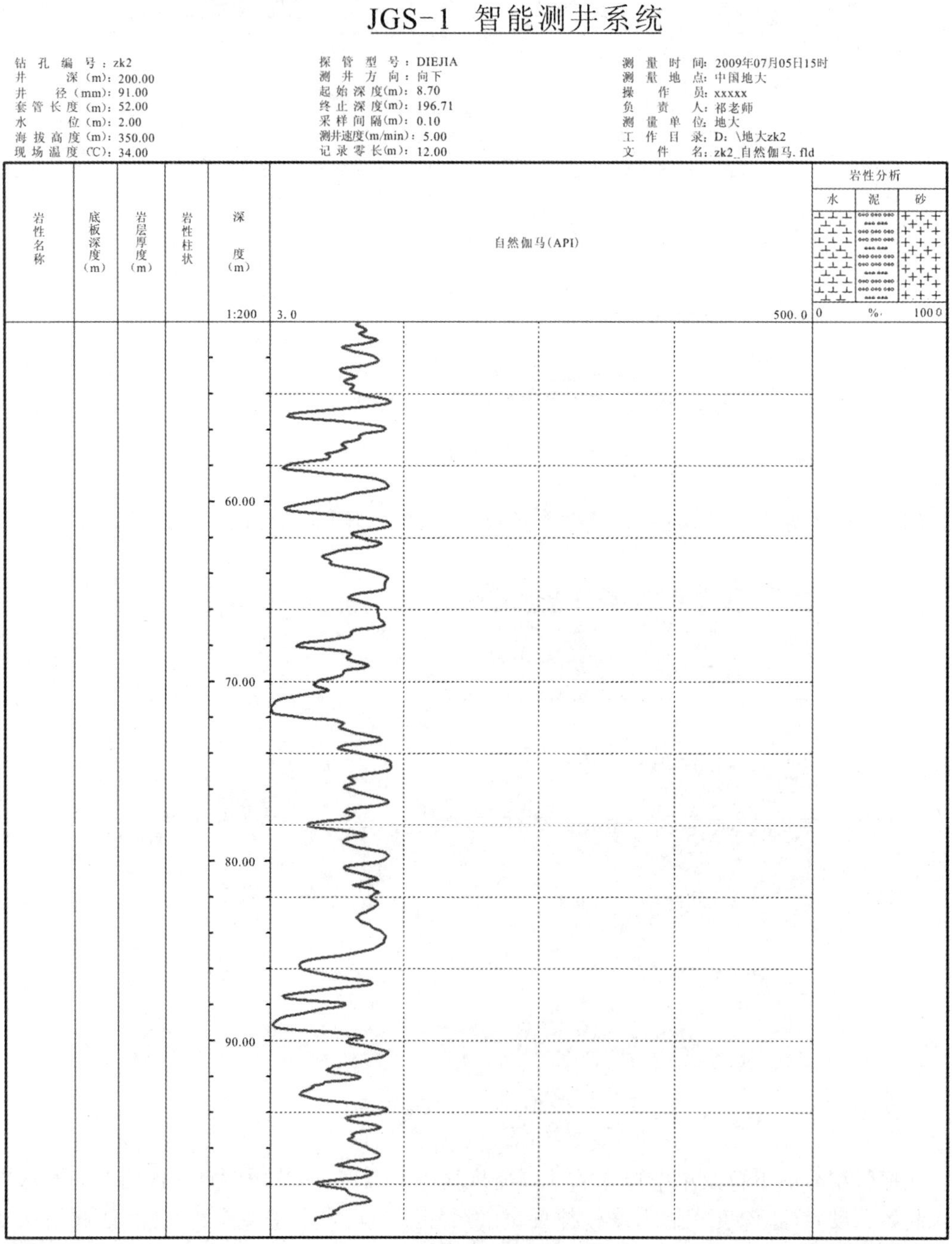
JGS-1 智能测井系统
钻孔编号：zk2
井深（m）：200.00
井径（mm）：91.00
套管长度（m）：52.00
水位（m）：2.00
海拔高度（m）：350.00
现场温度（℃）：34.00
探管型号：DIEJIA
测井方向：向下
起始深度(m)：8.70
终止深度(m)：196.71
采样间隔(m)：0.10
测井速度(m/min)：5.00
记录零长(m)：12.00
测量时间：2009年07月05日15时
测量地点：中国地大
操作员：xxxxx
负责人：祁老师
测量单位：地大
工作目录：D：\地大zk2
文件名：zk2_自然伽马.fld
岩性名称
底板深度(m)
岩层厚度(m)
岩性柱状
深度(m)
1:200
自然伽马(API)
3.0
500.0
岩性分析
水
泥
砂
0
%
100
60.00
70.00
80.00
90.00

图 6-4　自然伽马测井曲线

(7)在终止深度即将到达的时候,人工点击"终止测井",数据将会自动保存(注意:如果到达终止深度,测井自动终止,系统可能出现问题,使数据不能保存)。测井完毕后,请按主机面板上的下井电源按钮,切断下井电源,以便更换其他探管。

三、实验报告要求

(1)每位同学交一份实验报告。
(2)说明自然伽马测井的原理及特点。
(3)介绍自然伽马测井能够解决的地质问题。
(4)选用双密度组合探管 M432 进行测井,描述操作步骤及注意事项。

实验七　井温、井径测井实验

一、实验目的

(1) 了解井温测井和井径测井的基本原理。
(2) 了解井温测井和井径测井的主要用途。
(3) 了解井温测井和井径测井的实验步骤。

二、实验内容

(一) 井温、流体电阻率测井概念

1. 井温、流体电阻率测井

井温流体电阻率探管是测量钻孔中温度和井内流体(井液)电阻率的组合仪,井温参数用于地热勘探、开发地热资源,确定矿层位置、水文地质以及进行沉积环境研究等,在水文工程地质方面有着重要的作用。而井内流体电阻率则主要用于水文测井,比如确定含水层和涌水位置及研究地下水运动状态等方面。

2. 井温测量原理

井温流体电阻率探管是利用探管下部的高灵敏度温度传感器,来记录下钻孔中井下仪所在位置的温度,经过 A/D 转换变成数字信号传给测井主机,并绘出沿井深变化的温度曲线。

3. 井径测井

在钻井过程中,由于泥浆对井壁岩层的浸泡、起下钻具以及钻杆在井内的运动等原因,井的实际井径经常与钻头的直径不同。解释某些测井曲线时,常常需要知道井的实际井径。

4. 井径测量原理

测井开始时,探管内的 24V 直流马达通过支撑杆将井径臂推至最大位置,使之紧贴井壁。当井径变化时,井径臂再拖动支撑杆带动弹簧座移动,引起电位器滑动头移动而输出不同的电位差,以此来测量井径的变化。

(二)井温流体电阻率测井步骤

1. 井温流体电阻率探管 W422 主要参数

井温流体电阻率探管 W422 的外形如图 7-1 所示,基本参数如下。
- 测量范围:$-10\sim+100℃$。
- 测量灵敏度:$\leqslant 0.05℃$。
- 感温时间:$\leqslant 1s$。
- 测温相对误差:$\leqslant 5\%$。
- 流体电阻率测量参数:
- 测量范围:$0\sim 200\Omega\cdot m$。
- 电阻率灵敏度:$0.2\Omega\cdot m$。
- 刻度精度误差:$\leqslant 5\%$。
- 数字传输:8 位数字串行输出。
- 稳定性:相同条件连续工作 4h,它的输出变化不大于 3%。
- 外形尺寸:$\phi 40\times 1330mm$。
- 探管重量:6.7kg。
- 测量井深:$\leqslant 2000m$。
- 承受压力:$\leqslant 20MPa$。

图 7-1 井温流体电阻率探管 W422

2. 井温、流体电阻率测井实验步骤

1)系统连接
系统连接的步骤与自然电位测井一样,只是将电极系换成井温流体电阻率探管 W422。

2)测井准备
测井准备过程与自然电位测井相同,只是将电极系换成井温流体电阻率探管 W422。

3)开始测井
(1)运行测井智能系统软件,进入测井数据采集主界面。
(2)如果首次运行,可以点击主菜单上的"文件"菜单,然后点击"选择工作目录"项来确定测井数据存放的文件夹。
(3)如果首次运行,可以点击主菜单上的"标定系数"菜单,再点击"探管标定系数"项和"深度修正系数"项,将厂家出厂时测定的各种系数输入到相应的栏内。

(4)点击主菜单上的"测井"菜单选择"开始测井"项,这时将弹出"选择通信端口设置"菜单,一般都是 COM1。

(5)点击"确定"后,将弹出"井孔参数设置"菜单,如图 7-2 所示,分别在各栏输入相应信息后,点击"确定"。

图 7-2　井孔参数设置菜单

(6)点击"确定"后,将会弹出"测井参数设置"菜单,如图 7-3 所示。

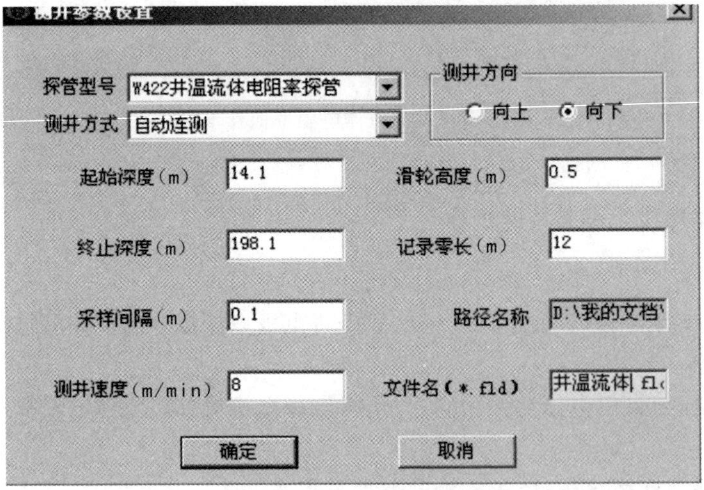

图 7-3　测井参数设置菜单

在探管型号的下拉菜单中选择"W422 井温流体电阻率探管",测井方式选择"自动连测",起始深度栏输入起始深度,终止深度栏输入终止深度(注意:深度的设定要求要有小数点,如起始深度为 14.1);在测井方向选择栏选"向下",文件名栏输入自己容易记忆的文件名;参数设定完后,先按主机上的复位按钮开始初始化,然后点击"确定",计算机将会给主机发送参数信息,数码窗将会显示相关信息;信息发送完毕后,按主机面板上的下井电源按钮对井下仪供电,这时下井电源指示灯会亮。对于W422井温流体电阻率探管,供电选择按钮无效。转动绞车摇把下放电缆,测井开始。可以用数字或曲线两种方式来显示测量的结果,井温流体电阻率测井曲线如图7-4所示。最后可以获得井温和流体电阻率两个参数。

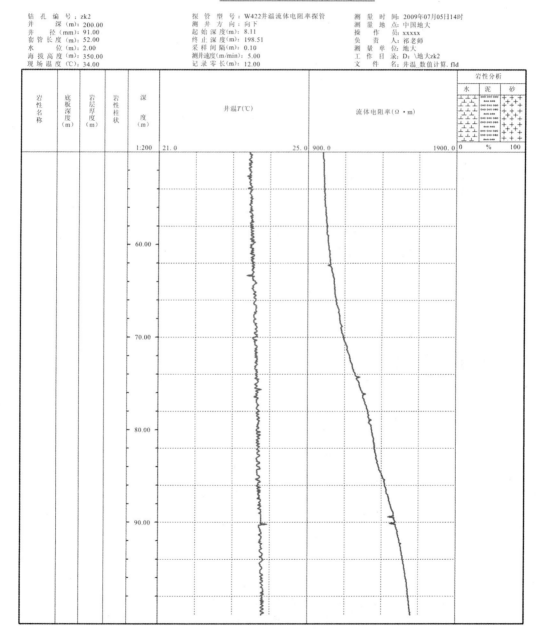

图7-4 井温流体电阻率测井曲线

(7)在终止深度即将到达的时候,人工点击"终止测井",数据将会自动保存(注意:如果到达终止深度,测井自动终止,系统可能出现问题,使数据不能保存)。测井完毕后,请按主机面板上的下井电源按钮,切断下井电源,以便更换其他探管。

(三)井径测井实验

1. 井径探管 J411 主要参数

井径探管 J411 外形如图 7-5 所示,主要参数如下。
- 测程:40～300mm。
- 输出信号:0～9V 直流电压。
- 灵敏度:1mm。
- 工作温度:-10～+60℃。
- 外形尺寸:ϕ 40×1320mm。
- 探管重量:6.6kg。
- 测量井深:≤2000m。
- 承受压力:≤20MPa。

图 7-5 井径探管 J411

2. 井径测井实验步骤

1)系统连接

系统连接的步骤与自然电位测井一样,只是将电极系换成井径探管 J411。

2)测井准备

测井准备过程与自然电位测井相同,只是将电极系换成井径探管 J411。需要注意的是:井径测井只能是提升测量,在测量臂没有张开的情况下把井下仪放到井底,然后"开腿"(即张开测量臂)开始测井。

3)开始测井

(1)运行测井智能系统软件,进入测井数据采集主界面。

(2)如果首次运行,可以点击主菜单上的"文件"菜单,然后点击"选择工作目录"项来确定测井数据存放的文件夹。

(3)如果首次运行,可以点击主菜单上的"标定系数"菜单,再点击"探管标定系数"项和"深度修正系数"项,将厂家出厂时测定的各种系数输入到相应的栏内。

(4)点击主菜单上的"测井"菜单,选择"开始测井"项,这时将弹出"选择通信端口设置"菜单,一般都是 COM1。

(5) 点击"确定"后,将弹出"井孔参数设置"菜单,如图 7-6 所示,分别在各栏输入相应信息后,点击"确定"。

图 7-6 井孔参数设置菜单

(6) 点击"确定"后,将会弹出"测井参数设置"菜单,如图 7-7 所示。

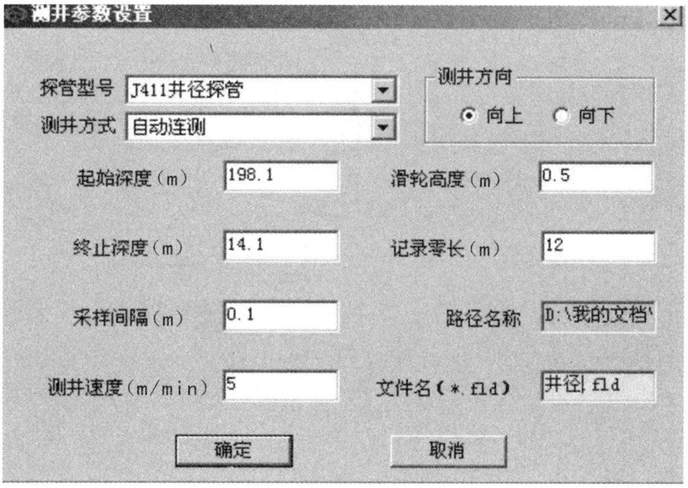

图 7-7 测井参数设置菜单

在探管型号的下拉菜单中选择"J411 井径探管",测井方式选择"自动连测",起始深度栏输入起始深度,终止深度栏输入终止深度(注意:深度的设定要求要有小数点,如起始深度为 198.1);在测井方向选择栏选"向上",文件名栏输入自己容易记忆的文件名;参数设定完后,先按主机上的复位按钮开始初始化,然后点击"确定",计算机将会给主机发送参数信息,数码窗将会显示相关信息;信息发送完毕后,按主机面板上的下井电源按钮对井下仪供电,这时下井电源指示灯会亮。信号指示灯 A、C 长亮,电流表指针偏转,表示正在开"腿",电流表回零后,表示"腿"已张开,这时可以提升电缆开始测井。测井时信号指示灯 A、C 长亮,B 灯闪烁。对于井径探管 J411,供电选择按钮无效。转动绞车摇把提升电缆,测井开始。可以用数字或曲线两种方式来显示测量的结果,井径测井曲线如图 7-8 所示。最终获得井径参数。

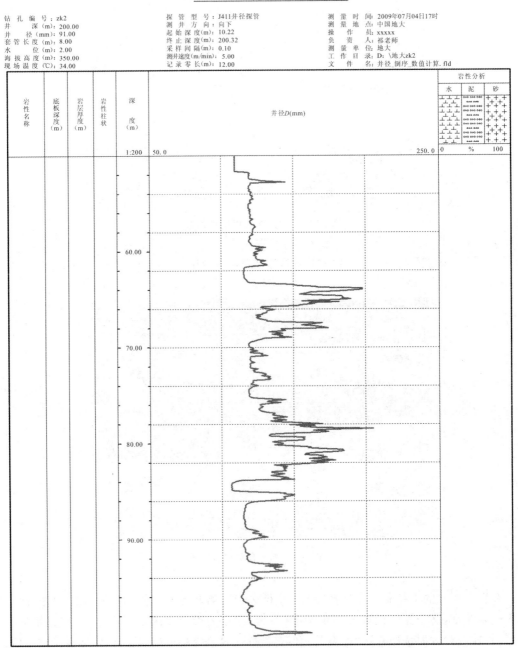

图 7-8　井径测井曲线

(7)终止深度到达时,测井自动终止,停止转动绞车,关闭下井电源,按面板上清零按钮,指示灯 D 长亮。打开下井电源,开始收"腿",此时电流表指针偏转。当电流表指针回零时,表示"腿"已收好。"腿"收好后关闭下井电源,以便更换探管,进行其他方法的测井。

三、实验报告要求

(1)每位同学交一份实验报告。
(2)说明井温流体电阻率测井和井径测井的主要用途。
(3)选用井温流体电阻率探管 W422 进行测井,描述操作步骤及注意事项。
(4)选用井径探管 J411 进行测井,描述操作步骤及注意事项。

实验八　地面伽马能谱测量

一、实验目的

(1) 了解自然伽马能谱测量的基本原理。
(2) 熟悉地面伽马能谱测量仪器。
(3) 了解地面伽马能谱的野外测量方法。
(4) 了解地面伽马能谱测量的基本流程。

二、实验内容

(一) 伽马能谱测量原理

1. 放射性核素和核衰变

所有物质的元素由化学性质相同的原子组成,而元素的原子由原子核及围绕核运行的电子组成。元素(X)的原子核由质子(Z)和中子(N)构成。原子核的质量数(A)等于质子和中子数量之和。

核素是指原子核中具有一定数目的质子和中子,并处在同一能态上的同类原子(或原子核),同一核素的原子核中,质子数和中子数都分别相等。核素的表达式为:$_{Z}^{A}X$。同位素是指具有相同原子序数的同一化学元素的两种或多种原子之一,它们在元素周期表中占同一位置。即 Z 值相同,A 值不同,如 ^1H、^2H 和 ^3H 互为同位素。

原子核结合能处于最低能量状态(基态),是所有稳定原子核的状态。高于基态的能量状态,为不稳的激发态。自然界有一些原子核处于不稳定的状态,能自发地发生变化,由一种原子核转变为另一种原子核,并伴随着放出一种特殊射线,这种现象称为核衰变,这种发生核衰变的元素称为放射性核素。原子核不能自发地变为另一种核素的原子核称为稳定核素。

核衰变过程中,原子核放出的特殊射线主要有 3 种:α、β 和 γ 射线。α 射线中放射的粒子是电荷数为 2、质量数为 4 的氦核(He),β 射线中放射的粒子是带负电的电子,γ 射线是波长很短的电磁波。α 射线具有最强的电离作用,穿透本领很小。β 射线,电离作用较弱,穿透本领较强。γ 射线,电离作用最弱,穿透本领最强。

这里以核素 $_{19}^{40}K$ 为例说明其 β 和 γ 衰变过程。核素 $_{19}^{40}K$ 的 γ 衰变所占比例大约为 11%,β 衰变所占比例大约为 89%。这两种衰变过程分别如下所示:

$$_{19}^{40}K + e_k^- \rightarrow {_{18}^{40m}A_r} \rightarrow {_{18}^{40m}A_r} + \gamma(1.46 Mev) \tag{8-1}$$

$$_{19}^{40}K \rightarrow {_{20}^{40}Ca} + e^- \tag{8-2}$$

2. 天然放射性核素及能谱

目前为止,总共有 118 种元素被发现,94 种存在于地球上,已发现的天然核素约有 330 多种,其中 273 种为稳定核素,60 余种为放射性核素。质量数小于 209(质子数大于 82)的大多数是稳定核素,只有少数是放射性核素,如 K^{40}、Co^{60}、Cs^{137}、I^{131}。而质量数大于 209(质子数大于 82)的全部是放射性核素。质量数大于 209 的放射性核素构成 3 个放射系,即铀系、钍系和锕铀系。由于地面伽马能谱勘查主要测量岩石或土壤的铀、钍、钾元素的含量,因此主要介绍铀系和钍系。

放射系是指连续衰变时放射性核素所构成的系列。钍系是从 ^{232}Th 开始的,到 ^{208}Pb 结束,它的半衰期为 1.41×10^{10} 年。钍系的连续衰变过程如图 8-1 所示。子核放射性活度等于母核放射性活度,因此图中相同衰变类型的任一对母核与子核间的曲线斜率相同。

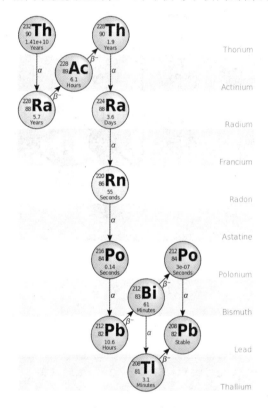

图 8-1 钍系衰变图

铀系从 ^{238}U 开始,到 ^{206}Pb 结束,^{238}U 的半衰期为 4.47×10^{9} 年。铀系的连续衰变过程如图 8-2 所示。

钍系和铀系连续衰变使其放射出的伽马射线具有不同的能量,进而形成一系列的初始能谱,如图 8-3 所示。钍系中最重要的 γ 辐射体是 ^{208}Tl(铊),伽马能谱测量中选择 ^{208}Tl 发射的 2.62Mev 的伽马射线来识别钍。铀系中最重要的 γ 辐射体是 ^{214}Bi,选择 ^{214}Bi 发射的 1.76Mev 的伽马射线来识别铀。^{40}K 产生的伽马射线是单能的,能量为 1.46Mev。

图 8-4 为放射性核素衰变过程中产生的伽马射线能谱图,分别利用能量为 1.46Mev、1.76Mev 和 2.62Mev 的伽马射线识别钾、铀和钍元素。

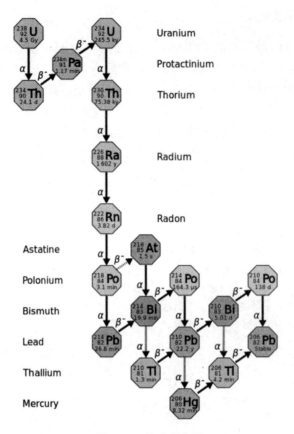

图 8-2 铀系衰变图

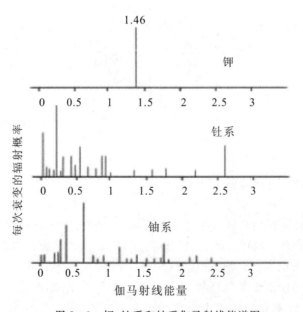

图 8-3 钾、钍系和铀系伽马射线能谱图

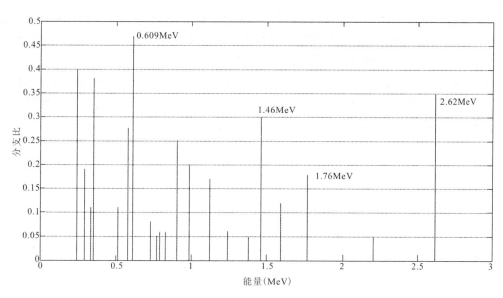

图 8-4 放射性核素衰变形成的伽马射线能谱图

3. 伽马射线与物质发生的作用

在地面伽马能谱测量中,地面物质放出的 γ 射线经岩石、土壤和空气的散射和吸收作用后其谱成分发生变化,使得在探测器实际得到的谱线发生变形。这些作用的主要形式有光电效应、康普顿效应和电子对效应。

γ 射线发生上述作用都具有一定的几率,用反应截面(σ)表示,截面大小与 γ 射线能量和靶物质性质有关。总的反应截面是各种作用截面之和,即

$$\delta_\gamma = \delta_{ph} + \delta_c + \delta_p \tag{8-3}$$

式中:δ_γ 为总反应截面;δ_{ph} 为光电效应截面;δ_c 为康普顿效应截面;δ_p 为电子对效应截面。

光电效应:伽马光子与原子核外的束缚电子作用,光子把全部能量转移给某个束缚电子,使之发射出去(光电子),而光子本身被吸收。在光电效应中,入射 γ 射线能量必须大于电子的结合能,同时越靠近原子核的电子放出光电子的几率越大。

康普顿效应:伽马光子与原子的核外电子发生非弹性碰撞,一部分能量转移给电子,使它脱离原子成为反冲电子,而光子(散射光子)的能量和运动方向发生变化。

电子对效应:当伽马光子从原子核旁经过时,在原子核的库仑场的作用下,伽马光子转变为一个正电子和一个负电子,这种过程称为电子对效应。发生电子对效应要求入射光子能量大于 1.02MeV。

3 种效应对于吸收物质的原子序数和入射光子能量都有一定的依赖关系,因而对于不同的吸收物质和能量区域,3 种效应的相对重要性是不同的。图 8-5 中给出了各种效应占优势的区域,图中两条曲线分别表示 $\delta_{ph}=\delta_c$ 和 $\delta_c=\delta_p$ 时的 Z 与 E 的关系。

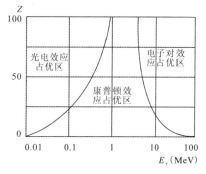

图 8-5 3 种效应占优势区域对比图

对于低能γ射线和原子序数高的吸收物质,光电效应占优;对于中能γ射线和原子序数低的吸收物质,康普顿效应占优;对于高能γ射线和原子序数高的吸收物质,电子对效应占优。

由此可见,在实际伽马能谱测量过程中所测谱线并不是单能的离散的能量峰,而是一条连续谱,称为伽马射线的仪器谱,如图8-6所示。在铀、钍、钾特征射线的能量附近开启窗口,根据窗口的计数率计算铀、钍、钾的含量。实际测量时,需要等待仪器的稳谱状态。如果仪器未达到稳谱状态,即能谱发生漂移,由于设置的能量窗不变,测量的铀、钍、钾含量将不可靠。

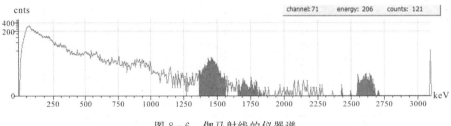

图 8-6 伽马射线的仪器谱

3. 伽马能谱仪工作原理

伽马能谱仪采用的是闪烁探测器。γ射线进入碘化钠(NaI)晶体或其他晶体,通过3种效应产生次级电子。次级电子使闪烁体激发,退激时产生荧光光子。将光子收集到光电倍增管的光阴极(原子序数大的材料)上,产生光电子(光电效应)。光电子在光电倍增管中数量增加几个数量级,形成的电子流在阳极负载上产生电信号。电信号经电子仪器处理、记录。如果γ射线能量大,在闪烁体中,产生的光子数多,则产生的信号脉冲幅度大。因此,根据信号脉冲幅度大小可以分辨不同γ射线并记录。闪烁探测器示意图如图8-7所示。

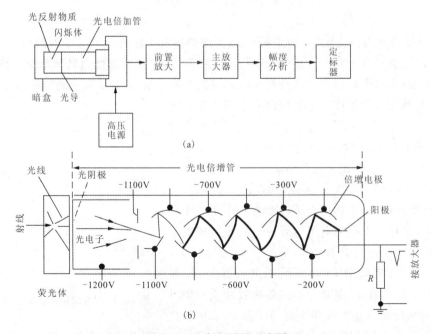

图 8-7 闪烁探测器示意图

4. 放射性测量单位

(1) 放射性活度与比活度

活度是指一定量的放射性核素在单位时间内发生衰变的核数。其单位为"贝可勒尔",简称"贝可",符号为 Bq。放射性活度的大小反应了放射性核素量的多少,由于核衰变是一个随机过程,活度是统计分布的期望值,它是随时间变化的。

单位质量物质中放射性核素的活度称为比活度,其单位用 Bq/kg 或 Bq/g。一般用于固体物质和液体样品。

(2) 放射性辐射剂量单位

辐射吸收剂量用于表示辐射对人体组织的能量沉积。在国际单位制中,使用的吸收剂量单位是戈瑞(Gy)。每 1 千克受照物质吸收 1 焦耳核辐射能时,其核辐射剂量称为 1 戈瑞。

西弗(Sv)用于衡量核辐射对生物组织的伤害,定义 1 西弗=1 焦耳(辐射能量)/公斤。

吸收剂量没有时间概念,为此引入剂量率。剂量率表示单位时间内吸收的剂量。剂量率的单位是 Sv/h、mSv/h、nSv/h 或 Gy/h、mGy/h、nGy/h。

(二) 美国劳雷工业公司 RS-230 仪器简介及操作

RS-230 手持式放射性勘探仪器(图 8-8),具有一体化防水设计、使用方便、全天候气象防护、高灵敏度等特点。该仪器提供完整的测量、化验功能,其数据可存储于内存中,也可以将数据导入个人电脑对数据进行回放。

图 8-8 美国劳雷工业公司的 RS-230

RS-230 采用 BGO(锗酸铋)晶体,性能是同体积 NaI 晶体的 3 倍。详尽的化验功能,以 ‰K、ppm U、ppm Th 显示分析结果。常规测量无需放射源。USB 数据传输。支持蓝牙数据传输。GPS 无线连接(蓝牙)。简单的一键操作。硬橡胶外壳,工作时可以防震隔热。可充电镍氢电池、通用充电器、12伏汽车打火机电缆、15℃下仪器电池正常8小时以上。体积小，重量轻。

进入开机后或"Survey"模式测量界面如图8-9所示。测量界面包括时间、电池状态、总计数率和最近检测的100个（可调节）读数。时间下方的标志"《●》"稳定出现后（图8-10），表示系统已经稳谱，此时测量的结果才准确、可靠。需要注意的是，化验模式（Assay）前仪器必须显示自稳图标。

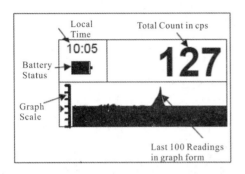 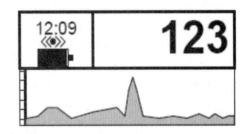

图8-9 仪器开机后或"Survey"模式测量界面　　图8-10 仪器稳谱标志

单击按钮，进入Action菜单，界面如图8-11所示。此菜单总共包括5个选项，分别为化验分析模式（Assay）、背景重获（Reacquire bg）、开始记录（Start recording）、参数配置（Configuration）、调查模式（Survey）。注意仪器的操作，默认短按按钮为向下移动，长按按钮为进入该选项。

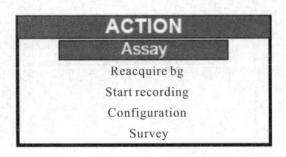

图8-11 仪器的主菜单界面

化验分析模式（Assay），也称为点测模式，对准岩石或土壤测量（不低于）两分钟（测量时间可调整），提供总的放射性强度及铀、钍和钾的含量。如图8-12所示，测量过程中仪器屏幕显示的界面。当测量结束时，仪器发出声响提醒用户结束采样。请注意，钾的数据以％的形式显示，U和Th数据以ppm显示。总计数通常是以剂量单位显示（Sv/Gy，R），向用户提供一个有关于剂量的信息，它可作为辐射强度的整体表现。再按下按钮，仪器屏幕会显示此点测量的编号及日期和时间，并将这些信息和测量结果自动记录下来（图8-13）。

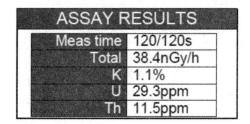

图 8-12　Assay 模式测量过程或结束时　　　图 8-13　Assay 模式测量结束后
　　　　仪器屏幕显示的界面　　　　　　　　　　　　　　显示的信息

背景重获(Reacquire BG)的作用是当到达一个放射性强弱未知的区域,启用此功能,可使测量结果更加准确;若仪器系统在不能达到稳谱的情况下,亦可尝试背景重获。通常情况下,这项功能运用较少。

开始记录(Start Recording)的功能是当勘查人员需要记录调查模式的结果时,选取此选项,此时调查的结果将被保存至仪器内存,调查模式的界面时间下面亦显示记录标志"R"(图 8-14)。再次进入 Action 菜单,相同的位置(即第三项),会看到结束记录的标志(Stop Recording)。当记录一段时间或者一段距离后,可关闭记录,因为仪器的内存是有限的。图 8-14 中"R"右边的标志"+"表示链接了 GPS 定位系统。

图 8-14　记录 Survey 测量结果和链接 GPS 定位系统的标志

参数设置(Configuration)包括日期和时间(Date and Time)、显示(Display)、音频(Audio)、测量相关(Measurement)、系统稳定(Stabilization),如图 8-15 所示。测量相关的参数主要有总扫描时间(Total Scan Period)、化验分析时间(Assay Time)、记录类型(Record Type)、测量单位(Dose Units)等。系统稳定可帮助系统恢复至稳谱状态。

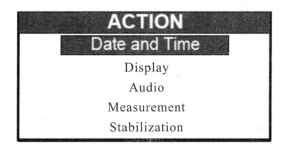

图 8-15　参数配置界面

(三)地面伽马能谱测量实验

1. 实验方法

(1)露头岩石的伽马能谱测量。针对测区典型的岩石进行伽马能谱测量。由于放射性物质具有涨落统计特征,因此需要对每种岩石重复测量多次,使测量结果具有正态分布特征。

(2)地面伽马能谱测量。进行地面伽马能谱测量前,需要进行测网的设计。野外测网的一般要求是测线应尽量为直线,因为这时垂直切面为一平面,所反映地质体的构造形态比较真实。测线方向尽可能垂直于岩体、构造及被勘查对象的总体走向,当被勘查对象走向变化较大时,应随之改变测线方向。测线间隔随勘探程度的提高,应由疏到密。测线布设应尽量经过已经开展过磁测工作或者是其他物探的区域,有利于做好连片测线,以利于磁测工作的对比和全区域连片成图。此外设计测网时应该注意编好测线编号、测量点编号等。本次实验要求测线间距20m、测点间距4m。

2. 仪器性能检查

仪器的性能检查包括准确性、稳定性和一致性。仪器的准确性检查一般在仪器出厂前进行,本实验仅进行仪器的稳定性和一致性检查。

稳定性检查包括短期稳定性检查和长期稳定性检查。短期稳定性检查如下:仪器经过检修、长期存放、长途运输或受剧烈振动、严寒、酷热、潮湿等影响之后,以及连续工作1个月后,都应进行此项检查。

方差对比法:在测区基准点或工作模型上,在相同的测量条件下(测量时间不少于120s,等时间间隔计数)重复测量n次($n>100$)观测值的标准偏差由下式给出:

$$S_o = \sqrt{\frac{\sum_{i=1}^{n}(N_i - \bar{N})^2}{n-1}} \tag{8-4}$$

式中:N_i为特定道的计数率;n为重复测量次数。如果$S_o \leqslant \sqrt{N}$,则计数误差符合放射性统计规律。

散点图形法:将各次观测值出现的次数与理论高斯分布进行比较。若上述各观测值(分测量道统计)分别出现在$\bar{N}+\sqrt{N}$、$\bar{N}+2\sqrt{N}$、$\bar{N}+3\sqrt{N}$区间的概率约为68.3%、95.5%、99.7%,则计数稳定性检查合格。

仪器连续工作8h稳定性检查符合放射性统计规律。稳定性检查不合格的仪器应重新检查。多次检查仍不合格时应查明原因,进行调整,直至检修仪器。

仪器长期稳定性检查每天进行。每天出工前和收工后在工作区基准点或工作模型上测定仪器各道的计数率,采用野外确定的计数时间(在工作模型上可缩短),读5组数取平均值。每次测量平均值与开工前已取得的各测量道平均值对比。钾、铀、钍含量相对误差不超过±5%,对工作模型(混合)的铀、钍、钾含量相对误差分别不超过±5%、±5%和±10%。对检查结果超差的仪器,应重复检查。若是再次检查不合格的仪器,则停止野外工作。若收工后发现仪器稳定性很差,当天测量结果作废。

仪器的一致性检查:用同一型号的多台仪器在同一测点上测量(应保证各台仪器的测量条件一致)。如果测量结果在允许误差范围之内,则可认为各台仪器一致性良好。

例:多台仪器读数的平均值为 I_{av},某台仪器读数为 I_i,该仪器的允许误差:

$$\frac{I_{av}-I_i}{I_{av}}\times 100\% \leqslant \pm 10 \tag{8-5}$$

可认为这台仪器一致性良好。如果误差超过 $\pm 10\%$,应查明原因,予以排除。

3. 质量检查

(1)检查点布置原则。检查测量工作量不得少于总工作量的 10%,且总点数不少于 30;对有矿化及有地质意义的异常点(带)100% 要进行检查,一般异常点(带)做 50% 的检查,并追溯到背景场 3~5 个测点;检查线应布置在地质上有意义或工作质量有疑问的剖面,以互检或自检方式进行。

(2)方法及要求。同一测点同一台仪器两次测定的含量或同一测点不同仪器测定值的含量误差要求见表 8-1。

表 8-1 含量测量误差要求

元素	含量单位	含量范围	绝对误差 Δ		相对误差 δ(%)	
			一般精度	高精度	一般精度	高精度
eU	$\times 10^{-6}$	≤10	≤±2.0	≤±1.5		
		>10			±20	±15
eTh	$\times 10^{-6}$	≤15	≤±3.0	≤±2.0		
		>15			±20	±15
K	%	≤5	≤±1.0	≤±0.5		
		>5			±20	±10

表 8-1 中:

$$\Delta = |Q_1 - Q_2| \tag{8-6}$$

$$\delta = \frac{Q_1 - Q_2}{(Q_1 + Q_2)/2}\times 100\% \tag{8-7}$$

式中:Q_1、Q_2 分别为第一次和第二次测量的含量值。

整个测区检查,测量总点数的合格率不小于 80%。检查测量不符合要求者应查明原因,必要时可再次进行检查。再次检查不合格的测线资料作废,重新观测。

三、实验报告要求

(1)每位同学交一份实验报告。
(2)对实验结果进行仪器性能检查及质量检查分析。
(3)绘制露头岩石伽马能谱测量的直方图(总量及铀、钍、钾)。
(4)绘制地面伽马能谱测量的等值线图(总量)并给予解释。

主要参考文献

程业勋,王南萍,侯胜利. 核辐射场与放射性勘查[M]. 北京:地质出版社,2005.
杜奉屏. 油矿地球物理测井[M]. 北京:地质出版社,1984.
李周波. 钻井地球物理勘探[M]. 北京:地质出版社,2006.
潘和平,马火林,蔡柏林,等. 地球物理测井与井中物探[M]. 北京:科学出版社,2009.
王惠濂. 综合地球物理测井[M]. 北京:地质出版社,1987.

附录:测井软件 Ver3.0 使用方法

测井软件第三版使用说明书

一、软件的运行环境及安装

1. 软件的运行环境为 Windows XP 系统
2. 软件的安装

(1)打开"CQJGS-SN.txt"文本文件,有 10 个序列号,选其中任何一个都可以作为安装序列号。

(2)双击"智能测井系统安装(060607).exe"来进行安装,选择"下一步",输入序列号进行安装,安装的路径用户可以选择,安装完毕后,在桌面上产生快捷图标。以后执行桌面上的快捷图标即可。

(3)安装"Auto CAD2004"(最好使用该版本),使用其他版本时,可能有意想不到的错误。

3. 打印机的设置(针对 EPSON LQ-1600K 系列)

使用该系列打印机时,仅安装 LQ-1600K 打印机驱动程序即可,然后将它的纸张按如下进行设置。

(1)按"开始\设置\打印机和传真\文件\服务器属性\创建新格式",在表格名处输入 user,格式描述中选英制,宽度输入 $\boxed{16.34}$,高度输入 $\boxed{8.00}$,其他都输入 $\boxed{0}$,然后按保存格式。

(2)将 LQ-1600K 打印机设为默认打印机,并将可用表格名选为 user。

二、软件的使用

该软件具有数据采集、数据处理、成果图输出三大主要功能,现分别叙述如下。

1. 数据采集

(1)在数据采集前要先建立数据的存储目录(即当前工作目录),当前工作目录列在图标栏中,可用下拉箭头进行选择。假如当前的工作目录是 D:\TEST,设定的钻孔号为 ZK100,则测井文件保存在 D:\TEST\ZK100 下。当一条曲线测完,进行下一条曲线测量时,必须选择当前工作目录为 D:\TEST,以保证每条测井曲线都保存在 D:\TEST\ZK100 中。

(2)在参数设置\系统初值设定中,有原始值和刻度值两项选择(现场出图现在不能使用),一般选择每隔 20 m 保存数据。当选择原始值时,测量数据为原始数据,必须要经过数值计算才能转换为真实值。当选择刻度值时,必须要将对应参数的标定系数正确输入,它的测量结果才是对的,选择刻度值测量时,保存的文件有两个,一个是测量的原始数据(文件名为 A.fld),一个是刻度计算后的真实值(文件名为 A-Kd.fld)。数据文件每隔一定的深度(根据设定值)会自动保存。

(3)按"开始测井",选择串口号,设置井孔参数,其中的钻孔编号非常重要,同一个孔的钻孔编号一定要一致,因为测井文件保存在该钻孔编号下,其他参数为图头参数,它的值不影响测井,但不能为空,测井参数设置中包括选择探管的型号、测井方向、测井方式(一般选自动连测)。起始深度、终止深度和采样间隔一定要正确输入,路径名称在此不能修改,它显示的路径为测井文件保存的路径,文件名用户可以输入,当文件名有重名时系统会提示用户作相应的处理。

附录:测井软件 Ver3.0 使用方法

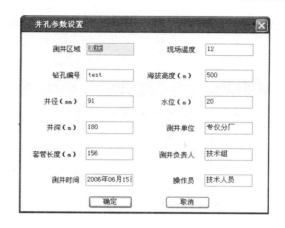

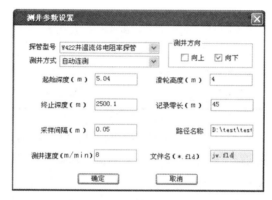

(4)测井过程中,用户可以看数据和曲线(通过图标栏上的显示,测井曲线和显示测井数据图标进行转换)。

(5)按图标栏上的"停止测井"图标可以结束测井,同时在当前工作目录下保存测井文件。

2. 数据处理

(1)正确输入参数的标定系数,按"标定系数\探管标定系数",正确选择探管型号,将标定系数对应输入。

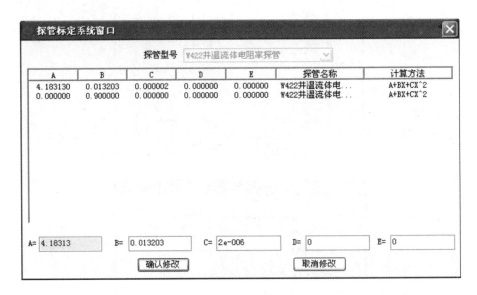

(2)打开测井曲线,如果曲线是从下往上测的,则必须先进行数据处理\单条曲线处理\深度倒序,倒序后的文件名和原曲线文件名不同(默认),当然用户也可以根据自己的习惯来命名。

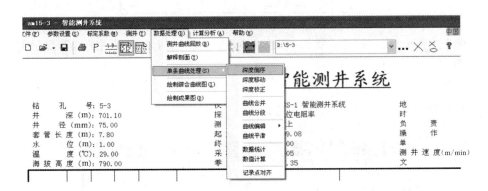

(3)多参数测井曲线(例如组合探管 M552 等)在处理前还必须进行记录点对齐处理。按"数据处理\单线曲线处理\记录点对齐"。进行记录点对齐处理的曲线必须为正序(深度从井口开始到井底结束)。

(4)曲线的深度移动表示将曲线整体上移或下移一定的距离,按"数据处理\单条曲线处理\深度移动",输入移动的距离,选择移动的方向按"确定",移动后的曲线文件名可以和原文件相同,也可以不同。

(5)曲线的深度校正表示将曲线拉长或压缩,当测井曲线深度误差较大时可以作深度的校正处理,按"数据处理\单条曲线处理\深度校正",输入实际孔深,选择校正起点。注意:深度校正有一定的范围不大于5m。

(6)曲线的合并功能可以将分段测井曲线(必须要有一定的重复深度,一般大于5m),合成一条完整的测井曲线,假设现有分段测井曲线 f1(深度从 10.1m 到 358.3m),f2(深度从 350.1m 到 912.5m)。首先打开测井曲线 f1(必须先打开 f1),按"数据处理\单条曲线处理\曲线合并",然后找到曲线 f2 并打开,此时 f1 和 f2 曲线就合成为一条完整的测井曲线 f3(深度从 10.1m 到 912.5m),以此类推,可以将各分段曲线合成为一条完整的曲线。

(7)曲线分段功能是曲线合并的逆向操作,一般使用较少。

(8)曲线编辑功能主要是对原始曲线作预处理,按下鼠标左键,然后移动鼠标到需要位置,放开左键,则曲线段被选中(变粗),按"数据处理\单条曲线处理\曲线编辑\曲线复制",可将选中的曲线段复制到剪贴板。然后选中另外一段曲线,利用粘贴功能将剪贴板的内容粘贴到选中的曲线处。曲线的复制和粘贴应成对使用。异常点剔除可以去掉小于最小值、大于最大值的非正常点,按"数据处理\单条曲线处理\曲线编辑\异常点剔除",输入对应参数的最小值和最大值来进行异常点剔除。

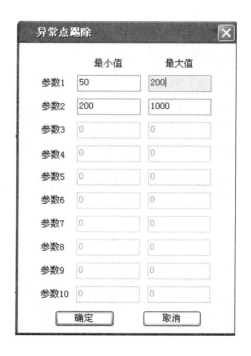

(9)曲线平滑可对整条曲线平滑,也可对某一段曲线平滑。当对某一段曲线平滑时,要输入该段的起、止深度,然后选择平滑的方法,点数越多,平滑效果越大,应根据实际需要来进行选择。

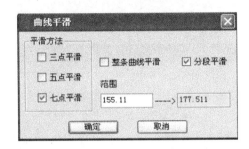

(10)数据统计的功能主要用来统计某一段或整条曲线的最大值、最小值和平均值。按"数据处理\单条曲线处理\数据统计",然后将结果显示在屏幕上。

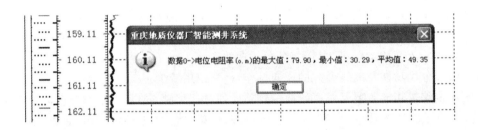

(11)数值计算的作用是将测井的原始数据转换成标准单位的真实值。例如,井径在测量时是测量电压变化值,通过数值计算后转换成单位为 mm 的真实值。打开需要进行数据计算的曲线,然后按"数据处理\单条曲线处理\数值计算",计算后的曲线文件名和原曲线文件名不同,当然用户也可以用相同的文件名来处理,数值计算前必须要将相应探管的标定系数正确输入,否则,计算后的结果是不正确的。

绘制综合成果图是数据处理中最为关键的一个步骤。现详细介绍如何进行操作(为叙述方便,现假设在 D:\ZK100 目录下有测井文件 LMDW.fld(电位电阻率曲线)、LMSb-1.fld(声波曲线)、LMj411.fld(井径曲线)、M433-1.fld(密度探管曲线)),在绘制综合成果图前,单条曲线可以进行各种预处理,包括前面的(1)~(11)步骤,要绘制综合成果图的文件必须是正序,且为同一个钻孔号下的。

• 按"数据处理\绘制综合曲线图",出现"选择合成"的曲线对话框。

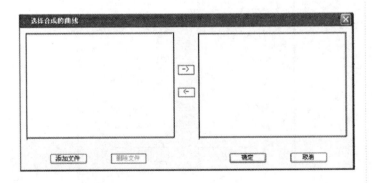

按"添加文件"按钮,出现"打开文件"对话框,找到 D:\ZK100 目录下的测井文件。

• 双击"Lmdw.fld"文件,则该文件出现在选择合成的曲线对话框中,并列出该曲线的各参数名称以供选择,继续上一步的操作,直到所有要合成的文件都选入"选择合成"的曲线对话框中。

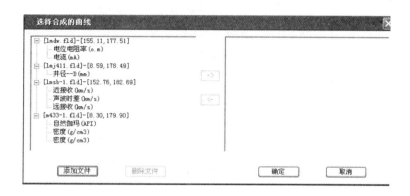

• 双击需要合成的参数名称,则该参数出现在右边框的目标文件中,继续双击需要的参数,直到所有要合成的参数都选入右边框的目标文件下,该目标文件下的所有参数为综合曲线图的参数,它的顺序排列依据目标文件下的文件顺序。

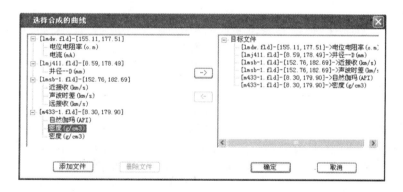

按"确定",出现"另存为"对话框,文件名为 ZK100-数据叠加.fld(默认),用户也可以命名其他的文件名,该文件名保存在当前工作目录下,因此,这时的当前工作目录应设置为 D:\ZK100 以保证 ZK100—数据叠加.fld 文件存入 D:\ZK100 目录中。

• 经过上述步骤,曲线的叠加就完成了。此时曲线在深度上可能存在一些误差,可以双击曲线进行选中,然后在图标栏上的曲线上移一个步长(或曲线下移一个步长)来上下移动曲线,通过图标栏上的横向比例尺设置来使曲线显示在最佳状态,调整好后的曲线要保存,这样下次打开时才能保持原状。

• 曲线的颜色可以选择,将鼠标移到参数名称处,按鼠标右键,出现"颜色选择"对话框,选择自己喜欢的颜色,按"确定",则参数名称和对应的曲线颜色就改变了。

• 将鼠标放在岩性柱状栏,出现一条红色线,移动鼠标时,此红色线跟随着一起移动,此红色线为岩性分层线,将分层线移到岩性分层处,按鼠标左键,出现"岩性剖面"窗口,按下拉箭头选择岩性,深度范围即自动填入,按"添加剖面",则剖面列表中添加了一层,同时画出了岩性的花纹符号,标出了岩性的名称、底板深度和层厚,按"确定",岩性剖面窗口消失,继续进行分层,直到所有岩性分层结束。

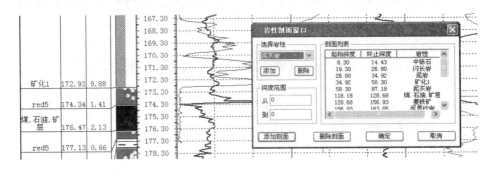

- 在分层中,有默认的一些岩性名称和花纹符号,如果用户需要添加自己的一些岩性名称,则可以用 Windows 系统中的画图软件来制作岩性符号,并将此取名为"××岩性"并保存为 BMP 格式文件,在画图软件中,要设置图像\属性的宽度为 80 ,高度为 50 。

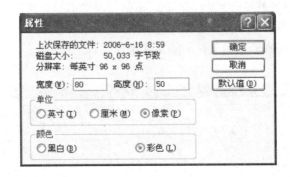

假设现在作了一岩性名称为"高碳质泥岩.BMP"的岩性符号,并保存在 C:\Documents 目录下。现在,我们添加此岩性名称到岩性柱状中。移动分层线,按鼠标左键出现"岩性剖面"窗口,按"选择岩性"中的"添加"按钮,出现"添加岩性"窗口,岩性标识中的数字 100 表示该岩性的唯一编号,添加的第一种岩性编号为 100,第二种岩性编号为 101,以此类推。点击右边的按钮找到保存在 C:\Documents 中的"高碳质泥岩.BMP",双击,则岩性名称出现在右上框中,岩性文件描述了它存储的路径,按"确定",则岩性剖面窗口中出现了高碳质泥岩,按"添加剖面",按"确定",则此岩性出现在岩性柱状图中。

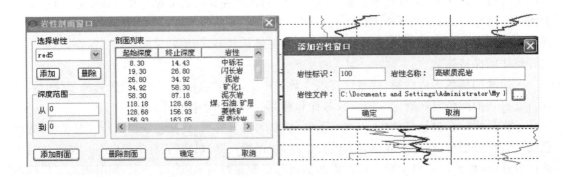

添加好的岩性柱状,如果需要进行局部修改,则先将它的岩性删除,按"数据处理\解释剖面",出现"岩性剖面"窗口,在剖面列表中选择要删除的某层或几层,按"删除剖面",按 是(Y),此时岩性柱状被删除,在删除岩性的地方可以重新进行岩性的划分,方法同上。

- 分层的岩性记录在文件"∗.js"中,可以用记事本将它打开。
- 同一钻孔的处理结果及中间结果都保存在当前工作目录中。
- 在图标栏中,单击图标 Y↕ 可以将测井曲线沿深度方向放大,单击图标 Y↕ 可以将测井曲线沿深度方向缩小。
- 数据处理中还有一个独立的功能模块——计算分析。这一部分包括3个方面的内容:

$$\text{计算分析}\begin{cases}\text{岩石强度分析}\\\text{岩石和煤质分析}\\\text{水文地质参数分析}\end{cases}$$

$$\text{水文地质参数分析包括6项内容}\begin{cases}\text{密度孔隙度}\\\text{声波孔隙度}\\\text{密度声波孔隙度}\\\text{视地层水电阻率}\\\text{泥质指数[1]}\\\text{泥质指数[2]}\end{cases}$$

选择其中一项或几项,输入相应的参数,即可进行计算。注意:在计算时必须要有相对应的参数。岩石和煤质分析要有电阻率曲线和密度曲线才能进行,自动读取参数的功能现在还没有使用,只有手动输入参数。岩石强度分析必须在水文地质参数分析之后才能进行。

以上分析的结果以文件的方式保存在当前钻孔号下,可以像打开测井文件一样将它打开。

3. 成果图输出

(1)首先找到需要输出的文件,将它打开,出现绘制测井成果图的对话框,按"数据处理\绘制成果图"。

(2)标题处用户可以输入相应文字,起始深度、终止深度用户可以输入(必须是深度范围内)或采用默认值(测井曲线的起、止深度),输出选项中 √ 表示选中,成果文件输出的形式有3种——直接到打印机、形成BMP文件和生成CAD文件。

(3)直接到打印机目前只支持EPSON LQ-1600K系列24针针式打印机,选中"直接到打印机",选择"出图比例尺",按"确定",出现打印设置对话框,按前述的打印机设置选择相应项目,按"确定",出现对话框选 否,则打印机开始打印成果图。

(4)选中"形成BMP图像文件"方式,将成果图生成BMP图片格式文件,并保存在该钻孔号下,文件的后缀为∗.BMP,按"确定",出现"另存为"对话框,输入文件名(或采用它的默认值),按"保存",出现打印设置对话框,按"确定",则生成"∗.BMP"文件存放在该钻孔号下,以后可以用看图软件将它打开。

(5)选中"生成 CAD 文件",按"确定",出现"另存为"对话框,按"保存",出现"打印设置"对话框,按"确定",出现"另存为"对话框,按"保存",则生成后缀为.dXF 的文件,并保存在该钻孔号下,此时如果将它打开,则自动转到 CAD 系统下,并打开此文件。